만점왕 연산

5단계

초등 3학년 권장

만점왕 연산을 선택한
친구들과 학부모님께!

연산은 수학을 공부하는 데 기본이 되는 **수학의 기초 학습**입니다.

어려운 사고력 문제를 풀 수 있는 학생도 정확하고 빠른 속도의 연산 실력이 부족하다면 높은 수학 점수를 받을 수 없습니다.

정해진 시간 안에 문제를 풀어야 하는데 기초 연산 문제에서 시간을 다 소비하고 나면 정작 사고력이 필요한 문제를 풀 시간이 없게 되기 때문입니다.

이처럼 연산은 매우 중요하지만 한 번에 길러지는 게 아니라 **꾸준히 학습해야** 합니다. 하지만 연산을 기계적으로 반복하기만 하면 사고의 폭을 제한할 수 있으므로 올바른 방법으로 학습해야 합니다.

처음 연산을 시작하는 학생에게는 연산의 정확성과 속도를 높이는 것이 중요하므로 수학의 개념과 원리를 바탕으로 한 충분한 훈련을 통해 연산 능력을 키워야 합니다.

만점왕 연산은 바로 이런 올바른 연산 공부를 위해 만들어진 책입니다.

만점왕 연산

5단계

초등 3학년 권장

정답은 EBS 초등사이트(primary.ebs.co.kr)에서 내려받으실 수 있습니다.

교재 내용 문의	교재 내용 문의는 EBS 초등사이트 (primary.ebs.co.kr)의 교재 Q&A 서비스를 활용하시기 바랍니다.
교재 정오표 공지	발행 이후 발견된 정오 사항을 EBS 초등사이트 정오표 코너에서 알려 드립니다. **교재 검색 ▶ 교재 선택 ▶ 정오표**
교재 정정 신청	공지된 정오 내용 외에 발견된 정오 사항이 있다면 EBS 초등사이트를 통해 알려 주세요. **교재 검색 ▶ 교재 선택 ▶ 교재 Q&A**

만점왕 연산의
특징은 무엇인가요?

만점왕 연산은 수학 교과 내용 중 수와 연산, 규칙성 단원을 반영하여 학교 진도에 맞추어 연산 공부를 하기 좋게 만든 책입니다.

누구나 한 번쯤 해 봤을 연산 교재와는 차별화하여 매일 2쪽씩 부담없이 자기 학년 과정을 꾸준히 공부할 수 있는 교재입니다.

만점왕 연산의 특징은 학교에서 배우는 수학 공부와 병행할 수 있도록 수학의 가장 기초가 되는 연산을 부담없이 매일 학습이 가능하도록 구성하였다는 점입니다.

만점왕 연산은 총 몇 단계로 구성되어 있나요?

취학 전 예비 초등학생을 위한 **예비 2단계**와 **초등 12단계**를 합하여 총 14단계로 구성되어 있습니다.

한 단계는 한 학기를 기준으로 구성하였기 때문에 초등 입학 전 예비 초등 1, 2단계를 마친 다음에는 1학년부터 6학년까지 총 12학기 동안 꾸준히 학습할 수 있습니다.

단계	Pre ❶단계	Pre ❷단계	❶단계	❷단계	❸단계	❹단계	❺단계
단계	취학 전 (만 6세부터)	취학 전 (만 6세부터)	초등 1-1	초등 1-2	초등 2-1	초등 2-2	초등 3-1
분량	10차시	10차시	8차시	12차시	12차시	8차시	10차시

단계	❻단계	❼단계	❽단계	❾단계	❿단계	⓫단계	⓬단계
단계	초등 3-2	초등 4-1	초등 4-2	초등 5-1	초등 5-2	초등 6-1	초등 6-2
분량	10차시	10차시	10차시	10차시	10차시	10차시	10차시

5일차 학습을 하루에 다 풀어도 되나요?

연산은 한 번에 많이 푸는 것이 아니라 매일 꾸준히, 그리고 점차 난도를 높여 가며 풀어야 실력이 향상됩니다.

만점왕 연산 교재로 **월요일부터 금요일까지 하루에 2쪽씩** 학교 수학 진도와 병행하여 푸는 것이 가장 좋습니다.

① 연산 학습목표 이해하기 → ② 원리 깨치기 → ③ 연산력 키우기 5일 학습

3단계 학습으로 체계적인 연산 능력을 기르고 규칙적인 공부 습관을 쌓을 수 있습니다.

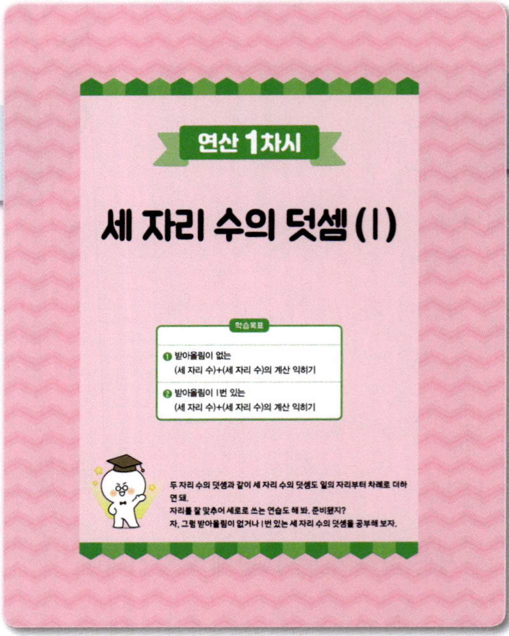

1 연산 학습목표 이해하기

학습하기 전!
단원 도입을 보면서 흥미를 가져요.

학습목표

각 차시별 구체적인 학습 목표를 제시하였어요. 친절한 설명글은 차시에 대한 이해를 돕고 친구들에게 학습에 대한 의욕을 북돋워 줘요.

2 원리 깨치기

원리 깨치기만 보면
계산 원리가 보여요.

원리 깨치기

수학 교과서 내용을 바탕으로 계산 원리를 알기 쉽게 정리하였어요. 특히 [원리 깨치기] 속 **연산Key** 는 핵심 계산 원리를 한 눈에 보여 주고 있어요.

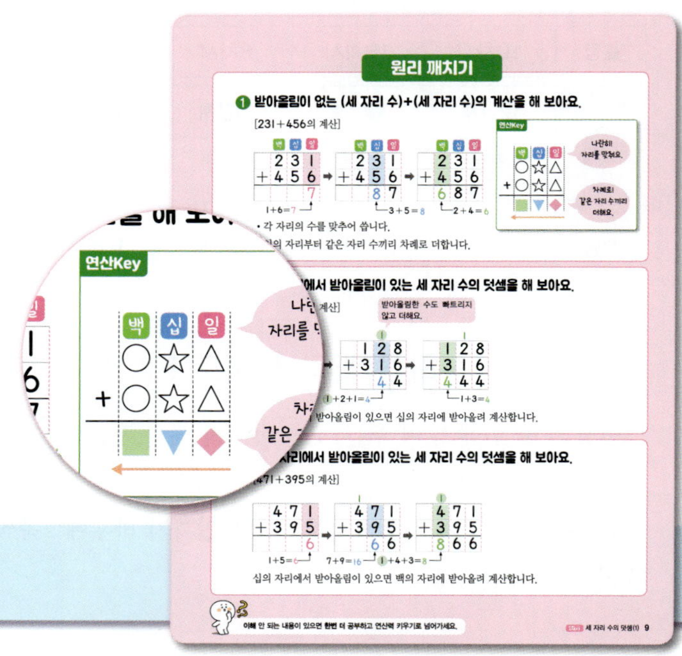

각 일차 연산 문제를 풀기 전,
연산Key를 먼저 확인하고
계산 원리와 방법을
스스로 이해해요.

각 일차 오른쪽 상단의 힌트를 읽으면
문제를 풀 때 도움이 돼요.

학습 날짜, 걸린 시간, 맞은 개수를 매일 체크하여
학습 진행 과정을 스스로 관리할 수 있도록 하였어요.

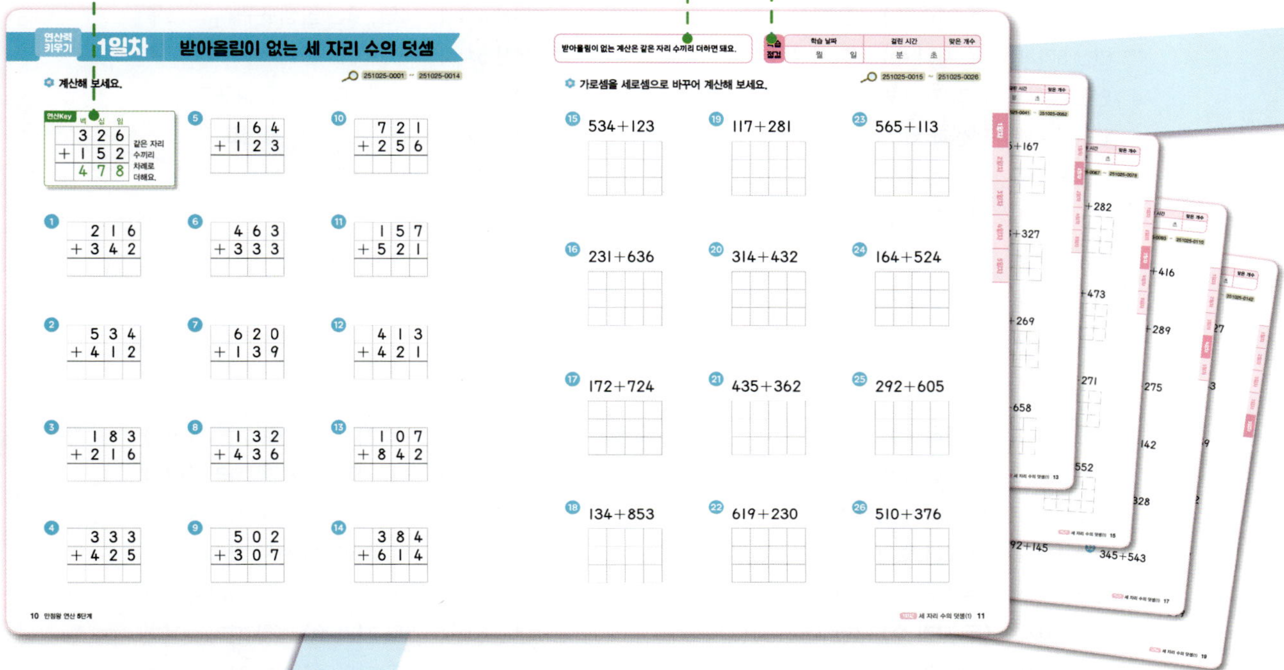

3 연산력 키우기

5일 학습

**1~5일차 연산력 키우기로
연산 능력을 쑥쑥 길러요.**

연산력 키우기 학습에 앞서
원리 깨치기를 반드시 학습하여
계산 원리를 충분히 이해해요.

인공지능 DANCHOQ
푸리봇 문|제|검|색

EBS 초등사이트와 EBS 초등 APP 하단의
AI 학습도우미 푸리봇을 통해 문항코드를
검색하면 푸리봇이 해당 문제의 해설 강의를
찾아 줍니다.

* 효과적인 연산 학습을 위하여 차시별 대표 문항 풀이 강의를 제공합니다.
* 강의에서 다루어지지 않은 문항은 문항코드 검색 시 풀이 방법을 학습할 수 있는 대표 문항 풀이로 연결됩니다.

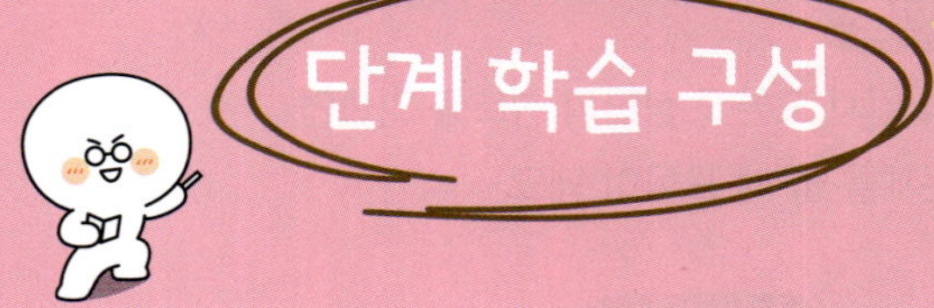

초등 2학년

3단계

연산 1차시	(두 자리 수)+(한 자리 수)
연산 2차시	(두 자리 수)+(두 자리 수)
연산 3차시	여러 가지 방법으로 덧셈하기
연산 4차시	(두 자리 수)−(한 자리 수)
연산 5차시	(두 자리 수)−(두 자리 수)
연산 6차시	여러 가지 방법으로 뺄셈하기
연산 7차시	덧셈과 뺄셈의 관계를 식으로 나타내기
연산 8차시	□의 값 구하기
연산 9차시	세 수의 계산
연산 10차시	여러 가지 방법으로 세기
연산 11차시	곱셈식 알아보기
연산 12차시	곱셈식으로 나타내기

4단계

연산 1차시	2단, 5단 곱셈구구
연산 2차시	3단, 6단 곱셈구구
연산 3차시	2, 3, 5, 6단 곱셈구구
연산 4차시	4단, 8단 곱셈구구
연산 5차시	7단, 9단 곱셈구구
연산 6차시	4, 7, 8, 9단 곱셈구구
연산 7차시	1단, 0의 곱, 곱셈표
연산 8차시	곱셈구구의 완성

초등 3학년

5단계

연산 1차시	세 자리 수의 덧셈(1)
연산 2차시	세 자리 수의 덧셈(2)
연산 3차시	세 자리 수의 뺄셈(1)
연산 4차시	세 자리 수의 뺄셈(2)
연산 5차시	(두 자리 수)÷(한 자리 수)(1)
연산 6차시	(두 자리 수)÷(한 자리 수)(2)
연산 7차시	(두 자리 수)×(한 자리 수)(1)
연산 8차시	(두 자리 수)×(한 자리 수)(2)
연산 9차시	(두 자리 수)×(한 자리 수)(3)
연산 10차시	(두 자리 수)×(한 자리 수)(4)

6단계

연산 1차시	(세 자리 수)×(한 자리 수)(1)
연산 2차시	(세 자리 수)×(한 자리 수)(2)
연산 3차시	(두 자리 수)×(두 자리 수)(1), (한 자리 수)×(두 자리 수)
연산 4차시	(두 자리 수)×(두 자리 수)(2)
연산 5차시	(두 자리 수)÷(한 자리 수)(1)
연산 6차시	(두 자리 수)÷(한 자리 수)(2)
연산 7차시	(세 자리 수)÷(한 자리 수)(1)
연산 8차시	(세 자리 수)÷(한 자리 수)(2)
연산 9차시	분수
연산 10차시	여러 가지 분수, 분수의 크기 비교

초등 4학년

7단계

연산 1차시	(몇백)×(몇십), (몇백몇십)×(몇십)
연산 2차시	(세 자리 수)×(몇십)
연산 3차시	(몇백)×(두 자리 수), (몇백몇십)×(두 자리 수)
연산 4차시	(세 자리 수)×(두 자리 수)
연산 5차시	(두 자리 수)÷(몇십)
연산 6차시	(세 자리 수)÷(몇십)
연산 7차시	(두 자리 수)÷(두 자리 수)
연산 8차시	몫이 한 자리 수인 (세 자리 수)÷(두 자리 수)
연산 9차시	몫이 두 자리 수이고 나누어떨어지는 (세 자리 수)÷(두 자리 수)
연산 10차시	몫이 두 자리 수이고 나머지가 있는 (세 자리 수)÷(두 자리 수)

8단계

연산 1차시	분수의 덧셈(1)
연산 2차시	분수의 덧셈(2)
연산 3차시	분수의 뺄셈(1)
연산 4차시	분수의 뺄셈(2)
연산 5차시	분수의 뺄셈(3)
연산 6차시	분수의 뺄셈(4)
연산 7차시	자릿수가 같은 소수의 덧셈
연산 8차시	자릿수가 다른 소수의 덧셈
연산 9차시	자릿수가 같은 소수의 뺄셈
연산 10차시	자릿수가 다른 소수의 뺄셈

 차 례

세 자리 수의 덧셈(1)

학습목표

1. 받아올림이 없는
   (세 자리 수)+(세 자리 수)의 계산 익히기

2. 받아올림이 1번 있는
   (세 자리 수)+(세 자리 수)의 계산 익히기

두 자리 수의 덧셈과 같이 세 자리 수의 덧셈도 일의 자리부터 차례로 더하면 돼.
자리를 잘 맞추어 세로로 쓰는 연습도 해 봐. 준비됐지?
자, 그럼 받아올림이 없거나 1번 있는 세 자리 수의 덧셈을 공부해 보자.

① **받아올림이 없는 (세 자리 수)+(세 자리 수)의 계산을 해 보아요.**

[231+456의 계산]

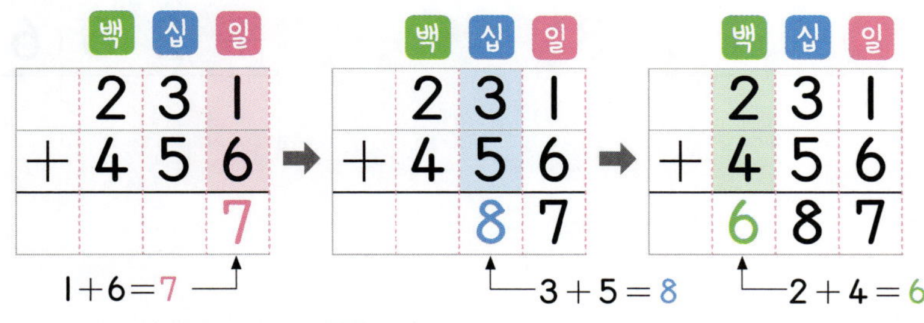

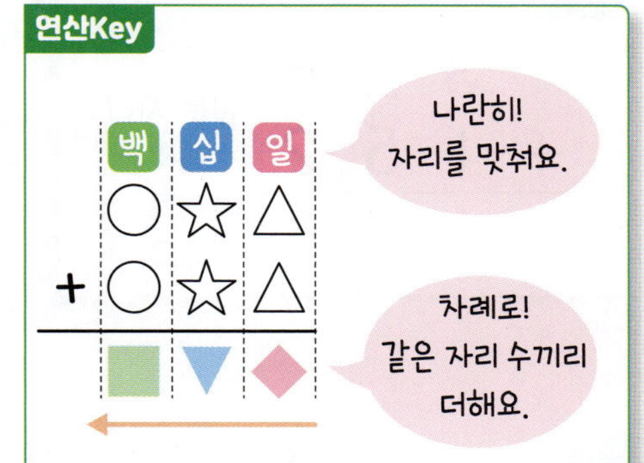

- 각 자리의 수를 맞추어 씁니다.
- 일의 자리부터 같은 자리 수끼리 차례로 더합니다.

② **일의 자리에서 받아올림이 있는 세 자리 수의 덧셈을 해 보아요.**

[128+316의 계산]

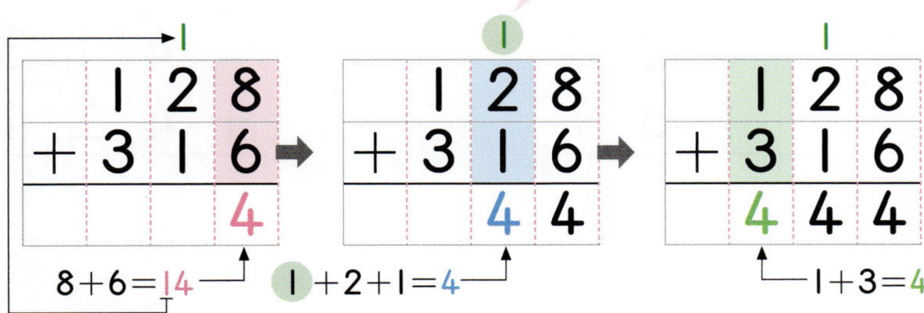

일의 자리에서 받아올림이 있으면 십의 자리에 받아올려 계산합니다.

③ **십의 자리에서 받아올림이 있는 세 자리 수의 덧셈을 해 보아요.**

[471+395의 계산]

십의 자리에서 받아올림이 있으면 백의 자리에 받아올려 계산합니다.

이해 안 되는 내용이 있으면 한번 더 공부하고 연산력 키우기로 넘어가세요.

1일차 받아올림이 없는 세 자리 수의 덧셈

251025-0001 ~ 251025-0014

계산해 보세요.

연산Key

	백	십	일
	3	2	6
+	1	5	2
	4	7	8

같은 자리 수끼리 차례로 더해요.

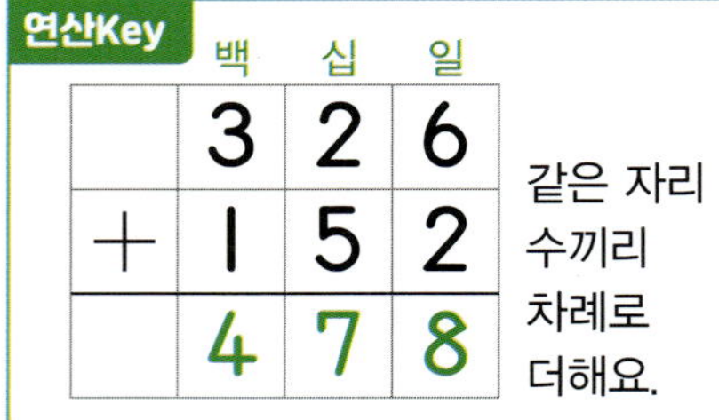

1

	2	1	6
+	3	4	2

2

	5	3	4
+	4	1	2

3

	1	8	3
+	2	1	6

4

	3	3	3
+	4	2	5

5

	1	6	4
+	1	2	3

6

	4	6	3
+	3	3	3

7

	6	2	0
+	1	3	9

8

	1	3	2
+	4	3	6

9

	5	0	2
+	3	0	7

10

	7	2	1
+	2	5	6

11

	1	5	7
+	5	2	1

12

	4	1	3
+	4	2	1

13

	1	0	7
+	8	4	2

14

	3	8	4
+	6	1	4

251025-0015 ~ 251025-0026

✳ 가로셈을 세로셈으로 바꾸어 계산해 보세요.

15 534+123

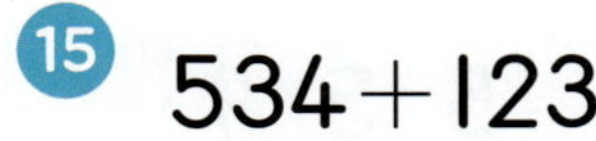

19 117+281

23 565+113

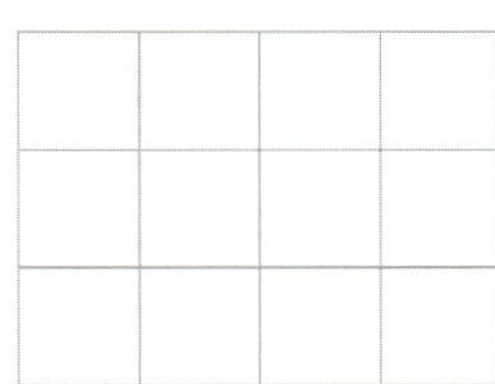

16 231+636

20 314+432

24 164+524

17 172+724

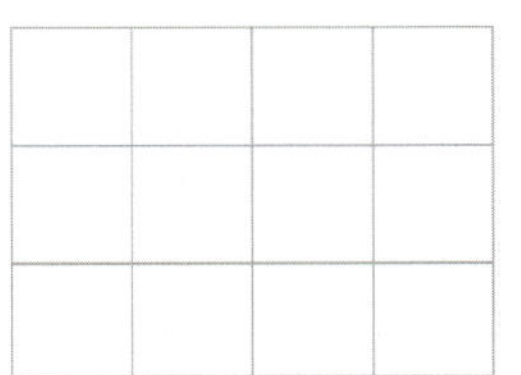

21 435+362

25 292+605

18 134+853

22 619+230

26 510+376

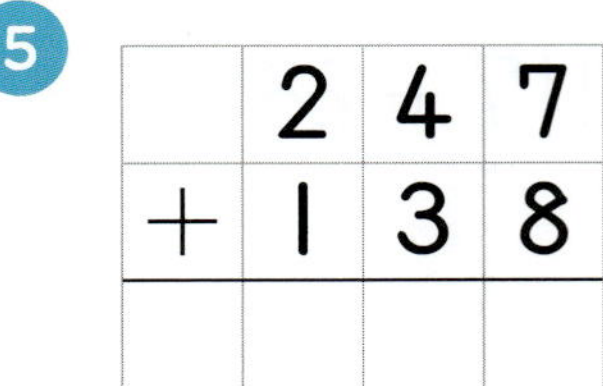

❋ **계산해 보세요.**

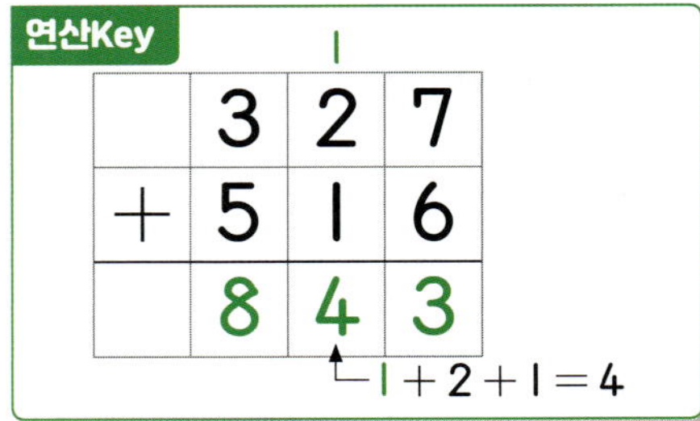

연산Key

```
    1
  3 2 7
+ 5 1 6
-------
  8 4 3
   └ 1+2+1=4
```

5
```
  2 4 7
+ 1 3 8
-------
```

10
```
  5 5 9
+ 3 2 9
-------
```

1
```
  4 2 8
+ 1 5 3
-------
```

6
```
  3 2 7
+ 2 4 5
-------
```

11
```
  1 1 6
+ 3 5 6
-------
```

2
```
  2 2 5
+ 6 3 9
-------
```

7
```
  1 3 9
+ 5 5 4
-------
```

12
```
  3 4 4
+ 2 0 8
-------
```

3
```
  6 0 5
+ 2 4 7
-------
```

8
```
  3 5 5
+ 4 2 9
-------
```

13
```
  5 1 9
+ 1 3 7
-------
```

4
```
  3 2 6
+ 5 3 7
-------
```

9
```
  2 6 8
+ 7 0 5
-------
```

14
```
  1 3 6
+ 4 3 6
-------
```

✿ 가로셈을 세로셈으로 바꾸어 계산해 보세요.

⑮ 318+245

⑲ 136+357

㉓ 415+167

⑯ 525+336

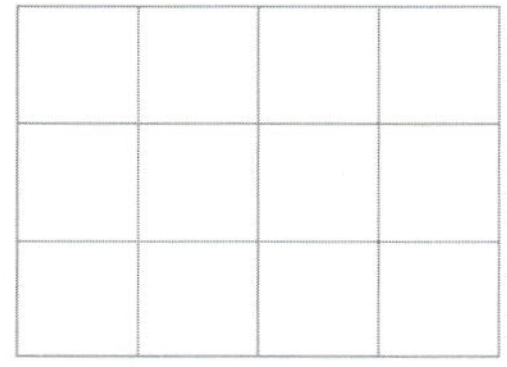

⑳ 639+305

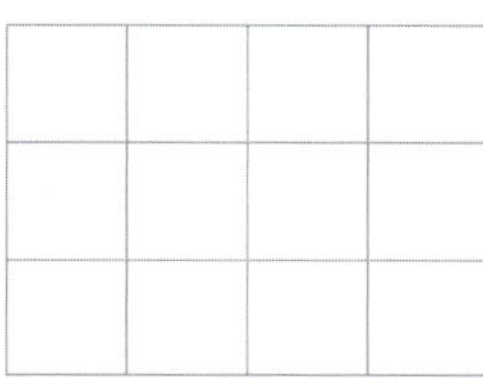

㉔ 248+327

⑰ 147+546

㉑ 208+355

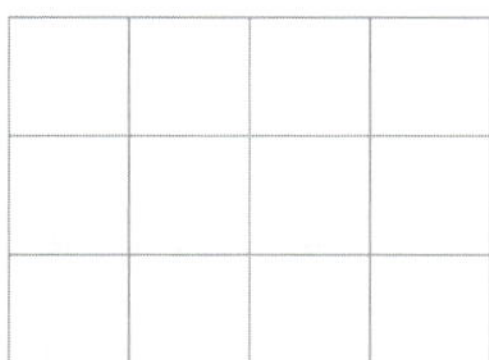

㉕ 414+269

⑱ 356+138

㉒ 519+237

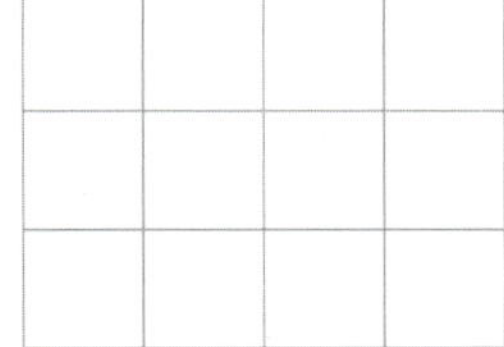

㉖ 138+658

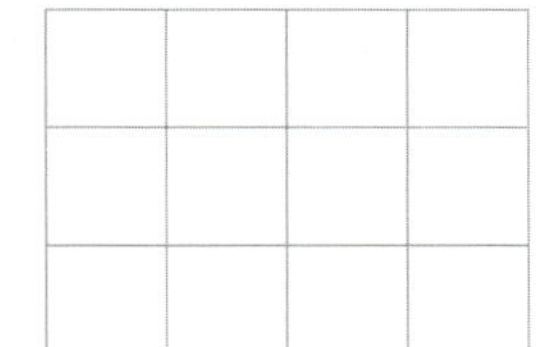

251025-0053 ~ 251025-0066

✽ **계산해 보세요.**

연산Key

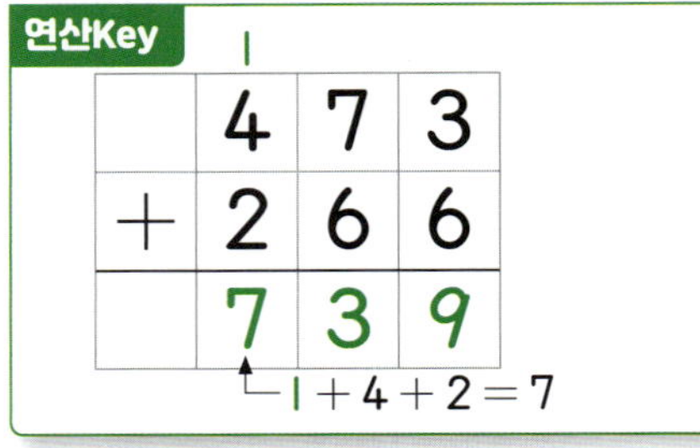

5

```
   5 6 4
 + 1 9 4
```

10

```
   2 7 6
 + 4 7 2
```

1

```
   1 3 2
 + 6 8 4
```

6

```
   3 9 5
 + 2 5 4
```

11

```
   3 8 1
 + 5 6 3
```

2

```
   4 7 6
 + 3 9 2
```

7

```
   2 3 2
 + 3 9 0
```

12

```
   1 8 4
 + 5 8 5
```

3

```
   6 5 5
 + 2 5 1
```

8

```
   1 4 3
 + 4 7 2
```

13

```
   3 9 4
 + 3 5 1
```

4

```
   5 6 0
 + 3 6 7
```

9

```
   3 8 4
 + 2 8 5
```

14

```
   1 9 2
 + 6 9 3
```

🔍 251025-0067 ~ 251025-0078

❋ **가로셈을 세로셈으로 바꾸어 계산해 보세요.**

⑮ 156+281

⑲ 319+490

㉓ 475+282

⑯ 562+354

⑳ 187+661

㉔ 235+473

⑰ 294+180

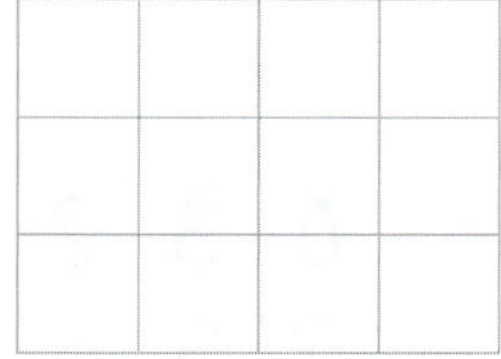

㉑ 255+362

㉕ 463+271

⑱ 176+453

㉒ 691+237

㉖ 383+552

251025-0079 ~ 251025-0092

❋ **계산해 보세요.**

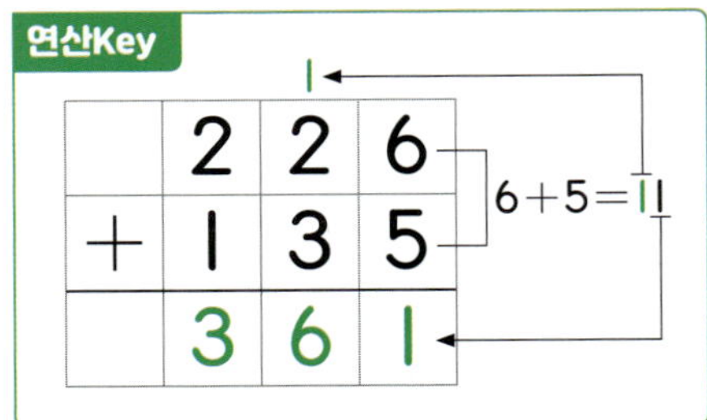

5

$$
\begin{array}{r}
2\ 8\ 3 \\
+\ 3\ 7\ 4 \\
\hline
\end{array}
$$

10

$$
\begin{array}{r}
4\ 0\ 0 \\
+\ 2\ 0\ 9 \\
\hline
\end{array}
$$

1

$$
\begin{array}{r}
4\ 3\ 5 \\
+\ 1\ 4\ 3 \\
\hline
\end{array}
$$

6

$$
\begin{array}{r}
5\ 3\ 9 \\
+\ 2\ 2\ 7 \\
\hline
\end{array}
$$

11

$$
\begin{array}{r}
3\ 3\ 2 \\
+\ 1\ 9\ 5 \\
\hline
\end{array}
$$

2

$$
\begin{array}{r}
3\ 6\ 4 \\
+\ 2\ 9\ 2 \\
\hline
\end{array}
$$

7

$$
\begin{array}{r}
4\ 1\ 0 \\
+\ 1\ 9\ 5 \\
\hline
\end{array}
$$

12

$$
\begin{array}{r}
8\ 6\ 9 \\
+\ 1\ 0\ 5 \\
\hline
\end{array}
$$

3

$$
\begin{array}{r}
1\ 2\ 6 \\
+\ 2\ 5\ 8 \\
\hline
\end{array}
$$

8

$$
\begin{array}{r}
7\ 2\ 3 \\
+\ 1\ 9\ 3 \\
\hline
\end{array}
$$

13

$$
\begin{array}{r}
6\ 3\ 2 \\
+\ 2\ 3\ 6 \\
\hline
\end{array}
$$

4

$$
\begin{array}{r}
6\ 4\ 3 \\
+\ 3\ 4\ 6 \\
\hline
\end{array}
$$

9

$$
\begin{array}{r}
5\ 1\ 6 \\
+\ 3\ 7\ 6 \\
\hline
\end{array}
$$

14

$$
\begin{array}{r}
4\ 1\ 4 \\
+\ 1\ 2\ 7 \\
\hline
\end{array}
$$

251025-0093 ~ 251025-0110

⑮ 600+350

㉑ 481+227

㉗ 208+416

⑯ 132+254

㉒ 382+460

㉘ 506+289

⑰ 672+319

㉓ 146+238

㉙ 413+275

⑱ 486+407

㉔ 151+329

㉚ 729+142

⑲ 293+184

㉕ 816+169

㉛ 143+328

⑳ 740+106

㉖ 492+145

㉜ 345+543

251025-0111 ~ 251025-0124

✿ **계산해 보세요.**

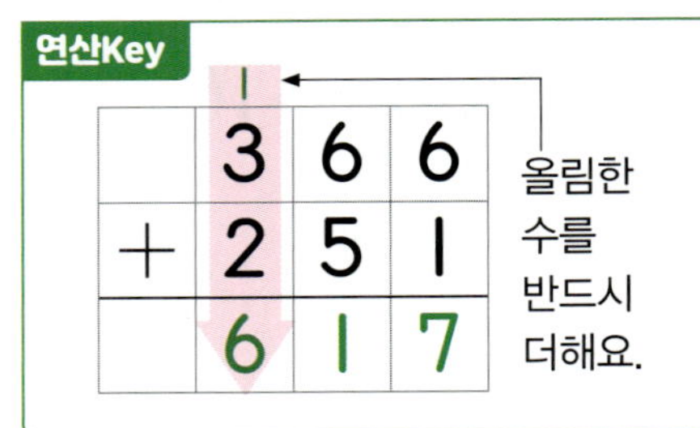

5

$$\begin{array}{r} 1\ 3\ 5 \\ +\ 4\ 2\ 6 \\ \hline \end{array}$$

10

$$\begin{array}{r} 3\ 2\ 1 \\ +\ 2\ 5\ 4 \\ \hline \end{array}$$

1

$$\begin{array}{r} 5\ 2\ 8 \\ +\ 3\ 9\ 1 \\ \hline \end{array}$$

6

$$\begin{array}{r} 3\ 2\ 7 \\ +\ 4\ 3\ 9 \\ \hline \end{array}$$

11

$$\begin{array}{r} 4\ 5\ 8 \\ +\ 3\ 7\ 1 \\ \hline \end{array}$$

2

$$\begin{array}{r} 2\ 0\ 6 \\ +\ 3\ 0\ 8 \\ \hline \end{array}$$

7

$$\begin{array}{r} 7\ 3\ 0 \\ +\ 1\ 8\ 5 \\ \hline \end{array}$$

12

$$\begin{array}{r} 2\ 9\ 3 \\ +\ 1\ 9\ 6 \\ \hline \end{array}$$

3

$$\begin{array}{r} 5\ 4\ 1 \\ +\ 1\ 6\ 3 \\ \hline \end{array}$$

8

$$\begin{array}{r} 4\ 2\ 9 \\ +\ 3\ 5\ 3 \\ \hline \end{array}$$

13

$$\begin{array}{r} 6\ 0\ 5 \\ +\ 1\ 2\ 7 \\ \hline \end{array}$$

4

$$\begin{array}{r} 2\ 7\ 1 \\ +\ 3\ 7\ 3 \\ \hline \end{array}$$

9

$$\begin{array}{r} 6\ 5\ 2 \\ +\ 2\ 8\ 1 \\ \hline \end{array}$$

14

$$\begin{array}{r} 2\ 6\ 3 \\ +\ 5\ 4\ 2 \\ \hline \end{array}$$

⑮ 435+362

⑯ 216+357

⑰ 173+119

⑱ 425+238

⑲ 309+152

⑳ 172+715

㉑ 741+134

㉒ 129+548

㉓ 563+274

㉔ 471+321

㉕ 488+331

㉖ 631+182

㉗ 856+127

㉘ 418+343

㉙ 336+259

㉚ 127+452

㉛ 278+519

㉜ 326+249

세 자리 수의 덧셈(2)

학습목표

❶ 받아올림이 2번 있는
(세 자리 수)+(세 자리 수)의 계산 익히기

❷ 받아올림이 3번 있는
(세 자리 수)+(세 자리 수)의 계산 익히기

받아올림이 연달아 있어서 헷갈릴 때는 받아올림한 수를 작게 쓰는 것을 잊지 마!
자, 그럼 받아올림이 2번, 3번 있는 세 자리 수의 덧셈을 공부해 보자.

❶ 받아올림이 2번 있는 세 자리 수의 덧셈을 해 보아요.

[286+476의 계산]

$$
\begin{array}{r}
2\ 8\ 6 \\
+\ 4\ 7\ 6 \\
\hline
2
\end{array}
\ \Rightarrow\
\begin{array}{r}
2\ 8\ 6 \\
+\ 4\ 7\ 6 \\
\hline
6\ 2
\end{array}
\ \Rightarrow\
\begin{array}{r}
2\ 8\ 6 \\
+\ 4\ 7\ 6 \\
\hline
7\ 6\ 2
\end{array}
$$

6+6=12   1+8+7=16   1+2+4=7

십의 자리로 받아올려요.   백의 자리로 받아올려요.

- 자리를 맞추어 씁니다.
- 일의 자리 수끼리의 합이 10이거나 10보다 크면 **십**의 자리로 받아올림하여 계산합니다.
- 십의 자리 수끼리의 합이 10이거나 10보다 크면 **백**의 자리로 받아올림하여 계산합니다.

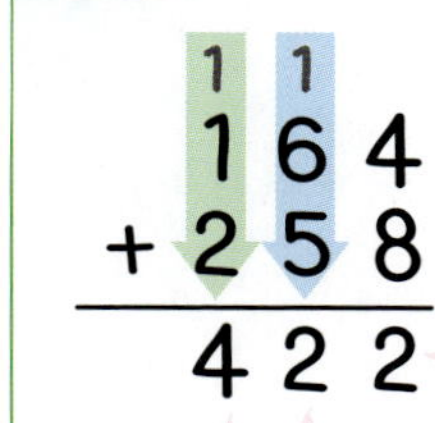

❷ 받아올림이 3번 있는 세 자리 수의 덧셈을 해 보아요.

[765+495의 계산]

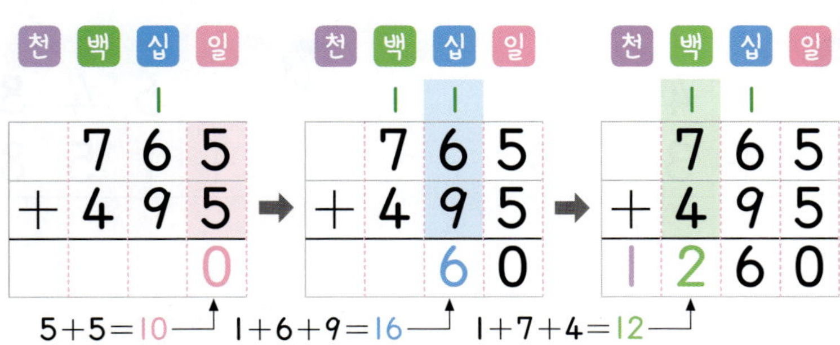

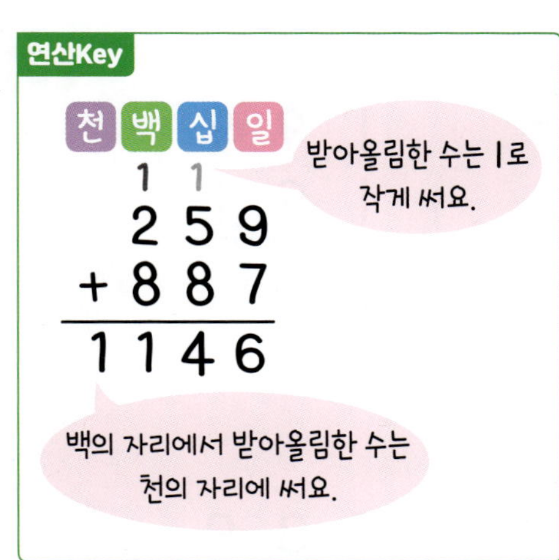

- 자리를 맞추어 씁니다.
- 같은 자리 수끼리의 합이 10이거나 10보다 크면 바로 윗자리로 받아올림하여 계산합니다.
- 백의 자리에서 받아올림한 수는 천의 자리에 씁니다.

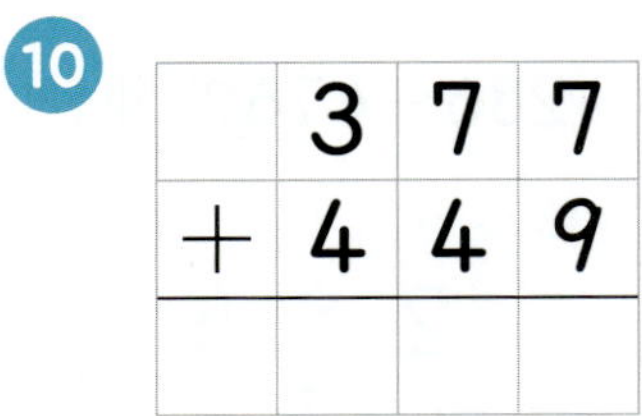

251025-0143 ~ 251025-0156

✲ **계산해 보세요.**

연산Key

$$
\begin{array}{r}
1\ 5\ 4 \\
+\ 2\ 7\ 8 \\
\hline
4\ 3\ 2
\end{array}
$$

1
$$
\begin{array}{r}
4\ 9\ 3 \\
+\ 1\ 2\ 7 \\
\hline
\end{array}
$$

2
$$
\begin{array}{r}
2\ 4\ 8 \\
+\ 5\ 7\ 6 \\
\hline
\end{array}
$$

3
$$
\begin{array}{r}
1\ 9\ 9 \\
+\ 1\ 9\ 1 \\
\hline
\end{array}
$$

4
$$
\begin{array}{r}
7\ 3\ 9 \\
+\ 1\ 8\ 4 \\
\hline
\end{array}
$$

5
$$
\begin{array}{r}
2\ 5\ 6 \\
+\ 3\ 8\ 7 \\
\hline
\end{array}
$$

6
$$
\begin{array}{r}
1\ 4\ 5 \\
+\ 6\ 8\ 9 \\
\hline
\end{array}
$$

7
$$
\begin{array}{r}
3\ 2\ 9 \\
+\ 5\ 9\ 4 \\
\hline
\end{array}
$$

8
$$
\begin{array}{r}
4\ 7\ 5 \\
+\ 3\ 5\ 8 \\
\hline
\end{array}
$$

9
$$
\begin{array}{r}
2\ 8\ 7 \\
+\ 5\ 1\ 4 \\
\hline
\end{array}
$$

10
$$
\begin{array}{r}
3\ 7\ 7 \\
+\ 4\ 4\ 9 \\
\hline
\end{array}
$$

11
$$
\begin{array}{r}
5\ 5\ 8 \\
+\ 2\ 5\ 4 \\
\hline
\end{array}
$$

12
$$
\begin{array}{r}
7\ 9\ 5 \\
+\ 1\ 3\ 7 \\
\hline
\end{array}
$$

13
$$
\begin{array}{r}
6\ 4\ 8 \\
+\ 1\ 5\ 8 \\
\hline
\end{array}
$$

14
$$
\begin{array}{r}
4\ 5\ 3 \\
+\ 4\ 4\ 9 \\
\hline
\end{array}
$$

✱ 가로셈을 세로셈으로 바꾸어 계산해 보세요.

15 195+348

19 356+487

23 176+176

16 487+393

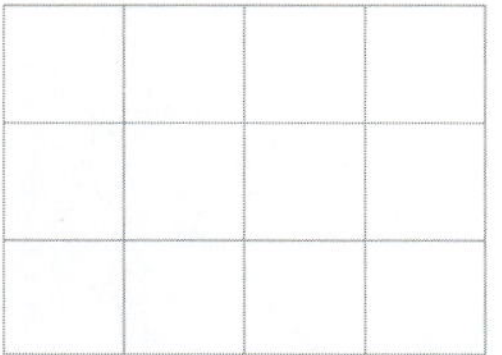

20 263+279

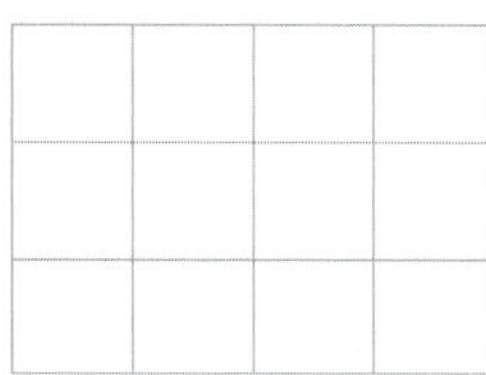

24 628+193

17 416+295

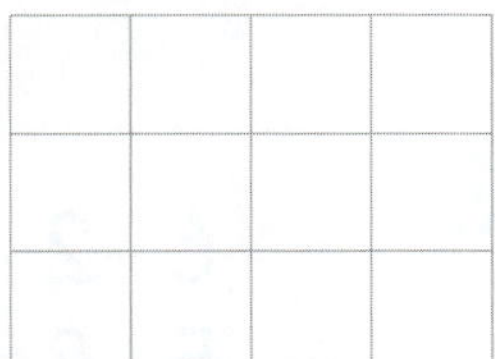

21 763+158

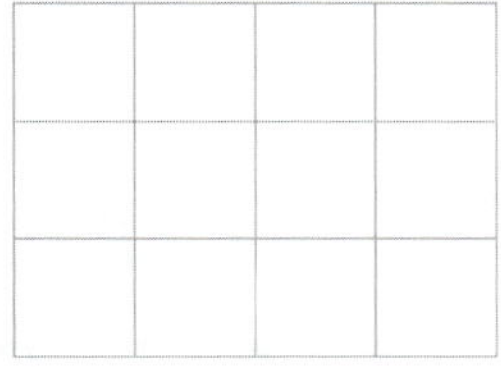

25 269+166

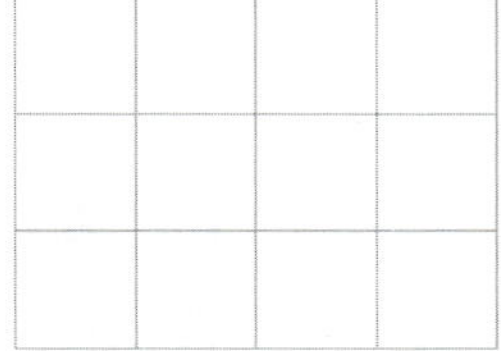

18 549+385

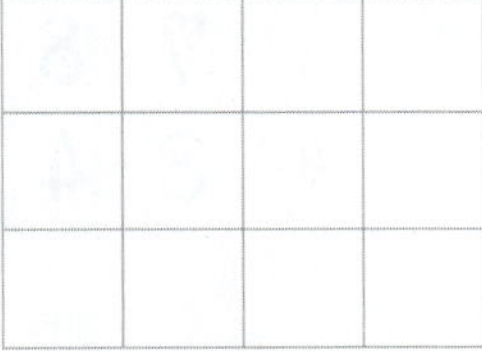

22 645+296

26 153+578

✽ 계산해 보세요.

1

$$\begin{array}{r} 3\ 7\ 9 \\ +\ 6\ 8\ 5 \\ \hline \end{array}$$

2

$$\begin{array}{r} 9\ 3\ 9 \\ +\ 4\ 8\ 4 \\ \hline \end{array}$$

3

$$\begin{array}{r} 3\ 6\ 4 \\ +\ 7\ 8\ 7 \\ \hline \end{array}$$

4

$$\begin{array}{r} 9\ 3\ 4 \\ +\ 5\ 9\ 8 \\ \hline \end{array}$$

5

$$\begin{array}{r} 8\ 5\ 7 \\ +\ 6\ 7\ 3 \\ \hline \end{array}$$

6

$$\begin{array}{r} 5\ 6\ 8 \\ +\ 8\ 4\ 3 \\ \hline \end{array}$$

7

$$\begin{array}{r} 7\ 5\ 9 \\ +\ 4\ 8\ 6 \\ \hline \end{array}$$

8

$$\begin{array}{r} 5\ 7\ 6 \\ +\ 8\ 5\ 6 \\ \hline \end{array}$$

9

$$\begin{array}{r} 4\ 9\ 8 \\ +\ 9\ 5\ 5 \\ \hline \end{array}$$

10

$$\begin{array}{r} 4\ 9\ 4 \\ +\ 7\ 3\ 8 \\ \hline \end{array}$$

11

$$\begin{array}{r} 6\ 5\ 3 \\ +\ 5\ 7\ 9 \\ \hline \end{array}$$

12

$$\begin{array}{r} 4\ 5\ 2 \\ +\ 8\ 6\ 9 \\ \hline \end{array}$$

13

$$\begin{array}{r} 6\ 2\ 9 \\ +\ 5\ 9\ 1 \\ \hline \end{array}$$

14

$$\begin{array}{r} 7\ 8\ 7 \\ +\ 8\ 4\ 9 \\ \hline \end{array}$$

251025-0183 ~ 251025-0194

✱ **가로셈을 세로셈으로 바꾸어 계산해 보세요.**

15 598+726

19 438+672

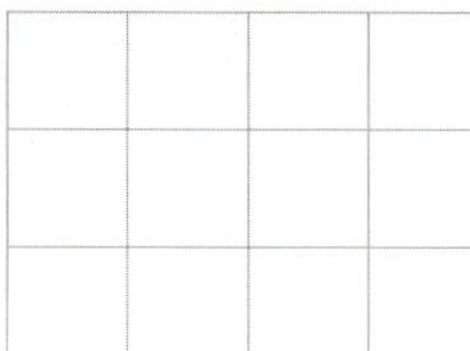

23 779+248

16 816+398

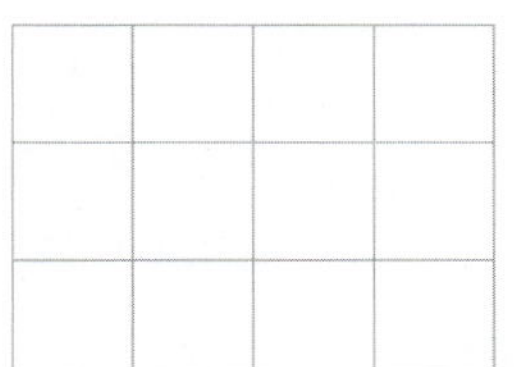

20 673+749

24 456+567

17 986+634

21 256+895

25 786+539

18 878+339

22 235+967

26 407+598

✽ **계산해 보세요.**

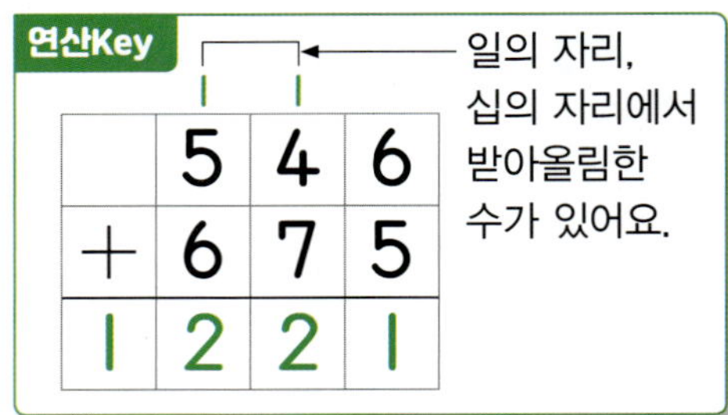

5

$$\begin{array}{r} 2\ 4\ 8 \\ +\ 3\ 9\ 6 \\ \hline \end{array}$$

10

$$\begin{array}{r} 4\ 5\ 6 \\ +\ 3\ 8\ 8 \\ \hline \end{array}$$

1

$$\begin{array}{r} 3\ 4\ 4 \\ +\ 4\ 6\ 6 \\ \hline \end{array}$$

6

$$\begin{array}{r} 6\ 8\ 5 \\ +\ 9\ 2\ 7 \\ \hline \end{array}$$

11

$$\begin{array}{r} 8\ 2\ 9 \\ +\ 5\ 7\ 6 \\ \hline \end{array}$$

2

$$\begin{array}{r} 5\ 5\ 8 \\ +\ 6\ 7\ 5 \\ \hline \end{array}$$

7

$$\begin{array}{r} 3\ 7\ 9 \\ +\ 5\ 5\ 2 \\ \hline \end{array}$$

12

$$\begin{array}{r} 9\ 2\ 6 \\ +\ 3\ 9\ 5 \\ \hline \end{array}$$

3

$$\begin{array}{r} 7\ 3\ 6 \\ +\ 3\ 9\ 6 \\ \hline \end{array}$$

8

$$\begin{array}{r} 6\ 3\ 4 \\ +\ 5\ 9\ 6 \\ \hline \end{array}$$

13

$$\begin{array}{r} 8\ 4\ 5 \\ +\ 7\ 6\ 8 \\ \hline \end{array}$$

4

$$\begin{array}{r} 8\ 7\ 9 \\ +\ 2\ 3\ 3 \\ \hline \end{array}$$

9

$$\begin{array}{r} 5\ 6\ 4 \\ +\ 1\ 5\ 7 \\ \hline \end{array}$$

14

$$\begin{array}{r} 6\ 3\ 8 \\ +\ 3\ 9\ 4 \\ \hline \end{array}$$

15 $197+489$

16 $328+496$

17 $176+485$

18 $992+209$

19 $656+656$

20 $873+927$

21 $524+796$

22 $295+819$

23 $593+578$

24 $268+268$

25 $278+829$

26 $485+797$

27 $967+358$

28 $389+479$

29 $618+989$

30 $492+859$

31 $974+457$

32 $852+798$

251025-0227 ~ 251025-0240

❋ **계산해 보세요.**

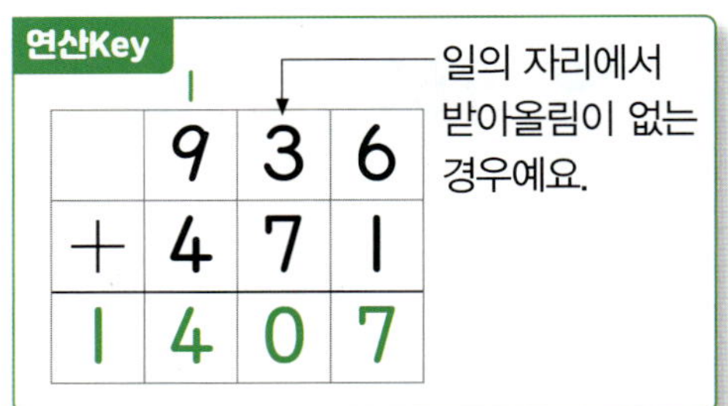

1
```
    7 6 3
+   8 5 5
```

2
```
    4 6 8
+   7 5 7
```

3
```
    8 1 7
+   5 2 5
```

4
```
    2 6 9
+   9 6 2
```

5
```
    9 4 8
+   8 4 9
```

6
```
    3 7 6
+   6 7 4
```

7
```
    5 3 8
+   7 4 6
```

8
```
    9 4 5
+   5 9 6
```

9
```
    5 0 9
+   9 0 3
```

10
```
    2 6 4
+   6 9 8
```

11
```
    8 3 6
+   9 5 6
```

12
```
    1 8 4
+   8 5 7
```

13
```
    4 9 3
+   8 7 9
```

14
```
    6 5 8
+   7 3 2
```

15 827+954

16 385+966

17 843+167

18 947+678

19 624+859

20 846+578

21 765+879

22 545+584

23 947+298

24 284+367

25 753+357

26 296+384

27 244+688

28 198+982

29 398+186

30 369+963

31 507+399

32 709+504

251025-0259 ~ 251025-0265

✽ ☐ 안에 알맞은 수를 써넣으세요.

연산Key

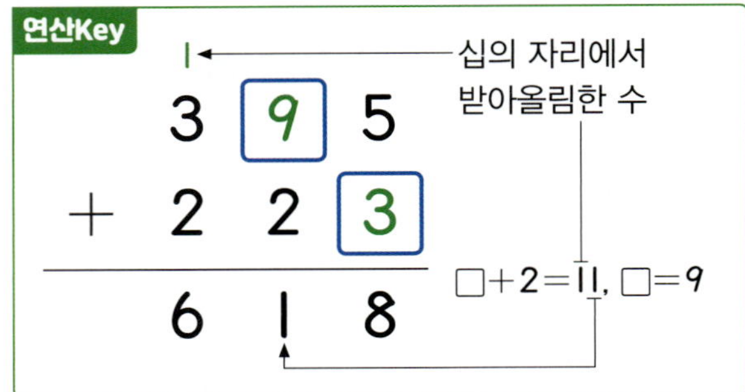

1

$$\begin{array}{r} 4\ 5\ \square \\ +\ 2\ \square\ 6 \\ \hline 6\ 9\ 8 \end{array}$$

2

$$\begin{array}{r} 2\ 8\ \square \\ +\ 1\ \square\ 4 \\ \hline 4\ 3\ 7 \end{array}$$

3

$$\begin{array}{r} 7\ \square\ 7 \\ +\ 6\ 5\ 6 \\ \hline \square\ 3\ 9\ \square \end{array}$$

4

$$\begin{array}{r} 5\ 6\ 7 \\ +\ 8\ 6\ \square \\ \hline 1\ \square\ 3\ 4 \end{array}$$

5

$$\begin{array}{r} 2\ \square\ 1 \\ +\ 3\ 9\ \square \\ \hline \square\ 1\ 6 \end{array}$$

6

$$\begin{array}{r} 3\ 5\ 6 \\ +\ \square\ 8\ 6 \\ \hline 8\ \square\ 2 \end{array}$$

7

$$\begin{array}{r} 4\ \square\ 5 \\ +\ \square\ 4\ 9 \\ \hline 9\ 7\ 4 \end{array}$$

❋ **계산해 보세요.**

251025-0266 ~ 251025-0283

⑧ $101+898$

⑨ $202+787$

⑩ $303+676$

⑪ $111+999$

⑫ $222+888$

⑬ $333+777$

⑭ $444+444$

⑮ $555+555$

⑯ $666+666$

⑰ $777+777$

⑱ $888+888$

⑲ $999+999$

⑳ $550+950$

㉑ $650+850$

㉒ $750+750$

㉓ $650+350$

㉔ $750+250$

㉕ $850+150$

세 자리 수의 뺄셈(1)

학습목표

❶ 받아내림이 없는
  (세 자리 수)−(세 자리 수)의 계산 익히기

❷ 받아내림이 1번 있는
  (세 자리 수)−(세 자리 수)의 계산 익히기

세 자리 수의 뺄셈도 덧셈처럼 일의 자리부터 차례대로 빼면 돼. 이때 같은 자리끼리 뺄 수 없을 때에는 어떻게 할까? 십 모형 1개를 일 모형 10개로 바꿔서 계산하거나, 백 모형 1개를 십 모형 10개로 바꿔서 계산하면 돼. 자, 그럼 받아내림이 없거나 1번 있는 세 자리 수의 뺄셈을 공부해 보자.

원리 깨치기

❶ 받아내림이 없는 세 자리 수의 뺄셈을 해 보아요.

[396−175의 계산]

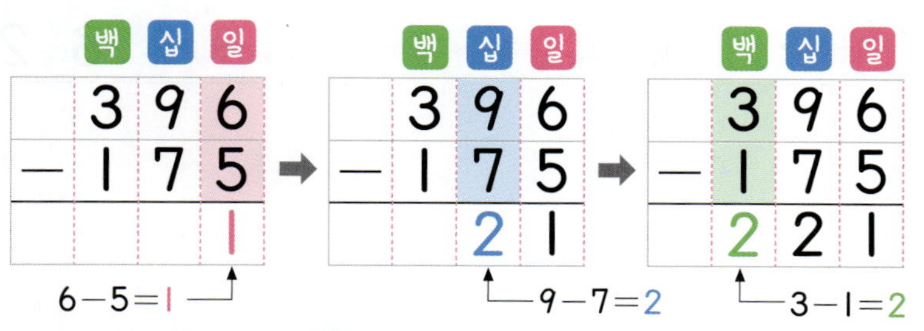

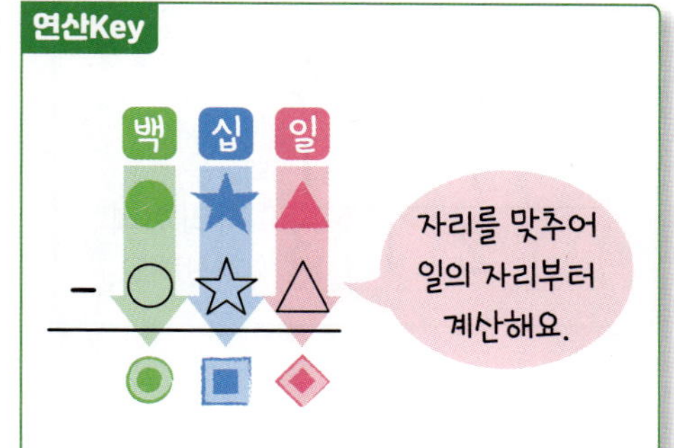

- 자리를 맞추어 씁니다.
- 일의 자리부터 같은 자리의 수끼리 차례대로 뺍니다.

❷ 십의 자리에서 받아내림이 있는 세 자리 수의 뺄셈을 해 보아요.

[683−159의 계산]

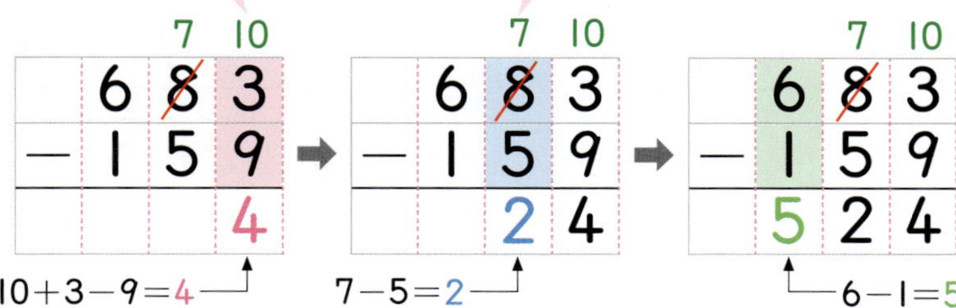

일의 자리 수끼리 뺄 수 없으면 십의 자리에서 받아내림하여 계산합니다.

❸ 백의 자리에서 받아내림이 있는 세 자리 수의 뺄셈을 해 보아요.

[348−162의 계산]

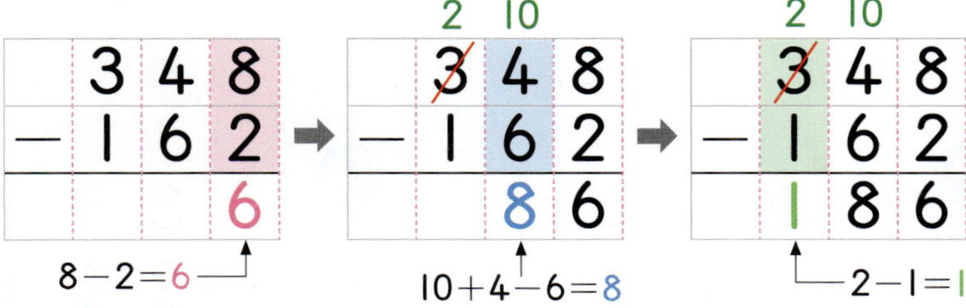

십의 자리 수끼리 뺄 수 없으면 백의 자리에서 받아내림하여 계산합니다.

이해 안 되는 내용이 있으면 한번 더 공부하고 연산력 키우기로 넘어가세요.

받아내림이 없는 세 자리 수의 뺄셈

251025-0284 ~ 251025-0297

계산해 보세요.

연산Key

	백	십	일
	3	6	4
−	1	5	1
	2	1	3

같은 자리끼리 계산해요.

① $646 - 325$

② $865 - 423$

③ $559 - 324$

④ $765 - 313$

⑤ $445 - 144$

⑥ $789 - 572$

⑦ $657 - 423$

⑧ $877 - 251$

⑨ $945 - 542$

⑩ $886 - 482$

⑪ $567 - 143$

⑫ $968 - 724$

⑬ $598 - 473$

⑭ $393 - 261$

251025-0298 ~ 251025-0309

가로셈을 세로셈으로 바꾸어 계산해 보세요.

⑮ 467−126

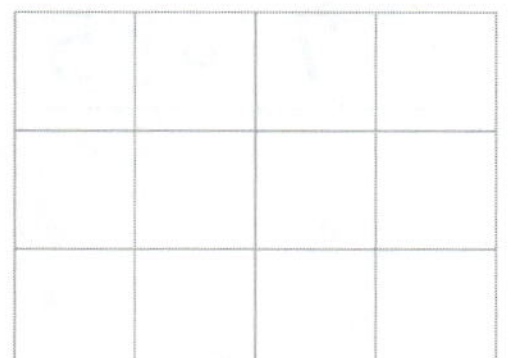

⑯ 954−831

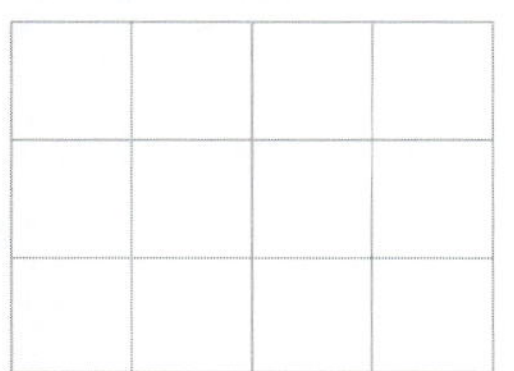

⑰ 383−210

⑱ 753−132

⑲ 574−341

⑳ 867−423

㉑ 656−325

㉒ 795−534

㉓ 467−160

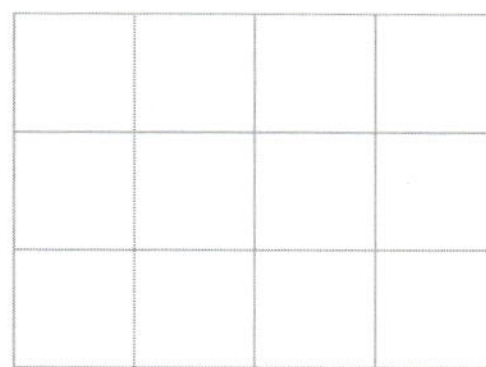

㉔ 795−572

㉕ 356−142

㉖ 535−224

2일차 십의 자리에서 받아내림이 있는 세 자리 수의 뺄셈

251025-0310 ~ 251025-0323

계산해 보세요.

연산Key

	3	8 (7)	3 (10)
−	1	4	7
	2	3	6

1 작아져요.

10+3−7=6

5

	9	2	6
−	4	1	8

10

	8	6	2
−	7	4	5

1

	7	6	3
−	2	1	8

6

	3	2	8
−	1	0	9

11

	4	3	4
−	2	2	6

2

	6	4	7
−	5	2	8

7

	5	6	3
−	2	3	5

12

	2	6	7
−	1	4	8

3

	4	2	5
−	1	1	9

8

	8	3	5
−	5	1	6

13

	5	9	5
−	3	2	8

4

	7	9	6
−	5	4	7

9

	9	7	1
−	3	3	5

14

	6	4	1
−	1	2	4

251025-0324 ~ 251025-0335

✿ 가로셈을 세로셈으로 바꾸어 계산해 보세요.

15 234−119

19 752−326

23 583−245

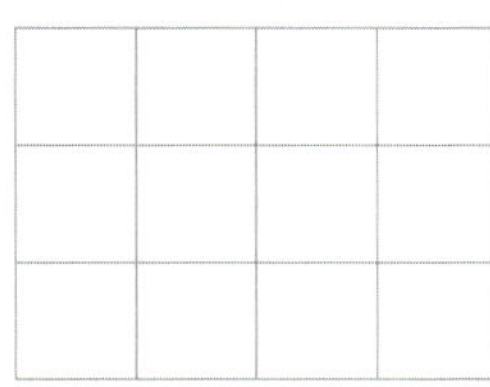

16 354−227

20 866−219

24 972−624

17 472−258

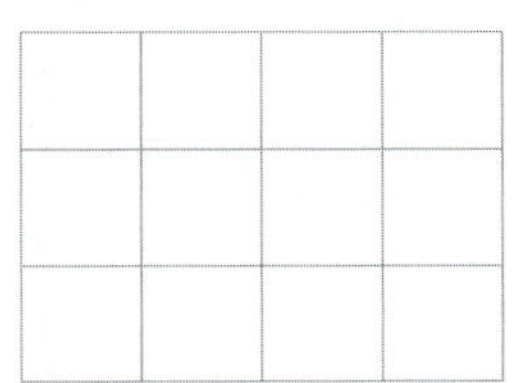

21 953−328

25 440−236

18 536−127

22 755−419

26 694−515

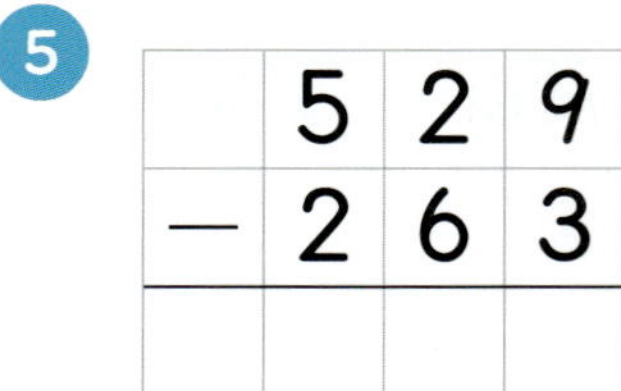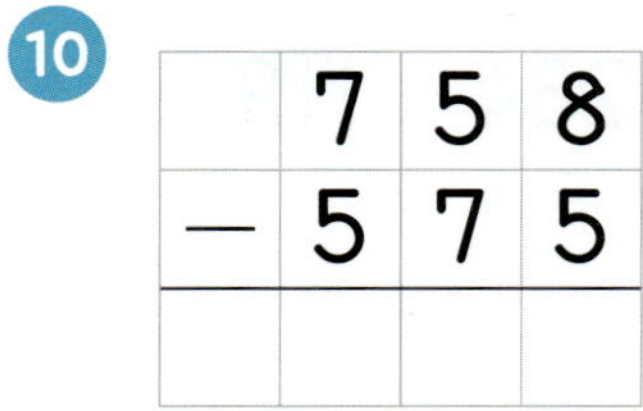

✿ **계산해 보세요.**

연산Key

$$\begin{array}{r} \overset{5}{\cancel{6}}\ \overset{10}{3}\ 5 \\ -\ 2\ 9\ 3 \\ \hline 3\ 4\ 2 \end{array}$$

1
$$\begin{array}{r} 2\ 8\ 4 \\ -\ 1\ 9\ 2 \\ \hline \end{array}$$

2
$$\begin{array}{r} 2\ 1\ 7 \\ -\ 1\ 3\ 4 \\ \hline \end{array}$$

3
$$\begin{array}{r} 3\ 4\ 8 \\ -\ 2\ 6\ 4 \\ \hline \end{array}$$

4
$$\begin{array}{r} 4\ 5\ 7 \\ -\ 1\ 7\ 5 \\ \hline \end{array}$$

5
$$\begin{array}{r} 5\ 2\ 9 \\ -\ 2\ 6\ 3 \\ \hline \end{array}$$

6
$$\begin{array}{r} 5\ 4\ 9 \\ -\ 3\ 6\ 1 \\ \hline \end{array}$$

7
$$\begin{array}{r} 6\ 2\ 9 \\ -\ 4\ 5\ 4 \\ \hline \end{array}$$

8
$$\begin{array}{r} 6\ 3\ 5 \\ -\ 2\ 9\ 3 \\ \hline \end{array}$$

9
$$\begin{array}{r} 6\ 8\ 4 \\ -\ 5\ 9\ 1 \\ \hline \end{array}$$

10
$$\begin{array}{r} 7\ 5\ 8 \\ -\ 5\ 7\ 5 \\ \hline \end{array}$$

11
$$\begin{array}{r} 7\ 7\ 7 \\ -\ 3\ 8\ 4 \\ \hline \end{array}$$

12
$$\begin{array}{r} 8\ 0\ 4 \\ -\ 3\ 9\ 3 \\ \hline \end{array}$$

13
$$\begin{array}{r} 8\ 3\ 6 \\ -\ 6\ 4\ 1 \\ \hline \end{array}$$

14
$$\begin{array}{r} 9\ 6\ 8 \\ -\ 4\ 8\ 5 \\ \hline \end{array}$$

251025-0350 ~ 251025-0361

❋ 가로셈을 세로셈으로 바꾸어 계산해 보세요.

⑮ 217 − 153

⑯ 326 − 162

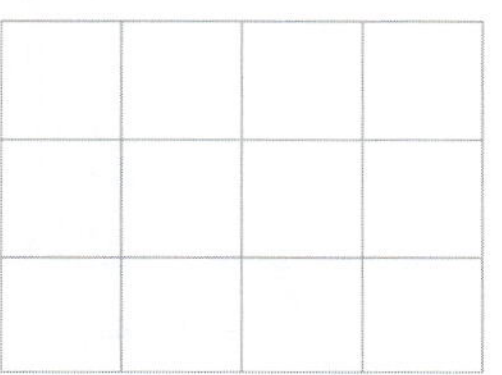

⑰ 436 − 282

⑱ 517 − 235

⑲ 546 − 375

⑳ 645 − 173

㉑ 686 − 494

㉒ 735 − 371

㉓ 749 − 583

㉔ 858 − 270

㉕ 843 − 661

㉖ 925 − 584

251025-0362 ~ 251025-0375

❋ **계산해 보세요.**

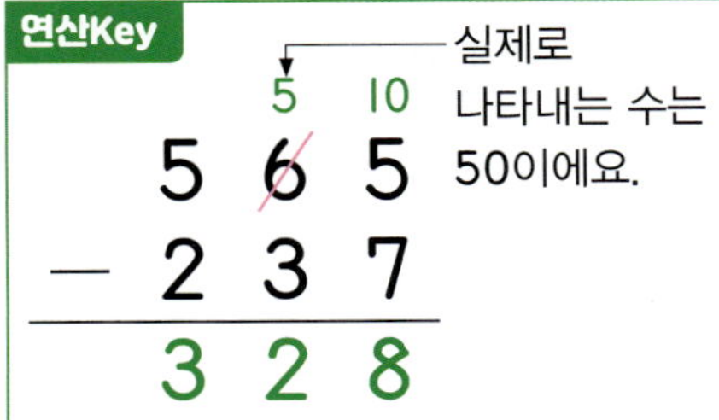

1
```
    8 9 3
−   4 7 5
```

2
```
    4 5 4
−   2 1 6
```

3
```
    6 7 1
−   4 3 8
```

4
```
    9 8 6
−   5 4 7
```

5
```
    7 4 8
−   2 7 5
```

6
```
    4 2 6
−   1 8 5
```

7
```
    6 5 3
−   5 6 2
```

8
```
    9 3 9
−   4 4 4
```

9
```
    8 6 7
−   3 9 5
```

10
```
    8 6 3
−   6 2 5
```

11
```
    6 3 9
−   1 7 6
```

12
```
    4 7 7
−   3 8 6
```

13
```
    5 4 3
−   2 9 1
```

14
```
    3 9 4
−   1 5 8
```

⑮ 187−123

⑯ 356−231

⑰ 489−256

⑱ 473−152

⑲ 567−316

⑳ 598−165

㉑ 382−164

㉒ 463−247

㉓ 581−465

㉔ 562−339

㉕ 686−424

㉖ 784−429

㉗ 529−136

㉘ 506−342

㉙ 668−284

㉚ 739−577

㉛ 917−336

㉜ 866−318

❊ **계산해 보세요.**

251025-0394 ~ 251025-0407

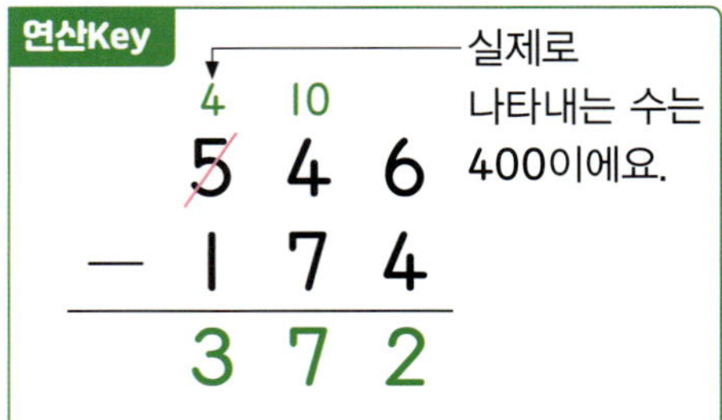

1

```
   3 5 6
 − 1 8 2
```

2

```
   5 1 3
 − 2 9 2
```

3

```
   4 2 7
 − 1 6 5
```

4

```
   6 3 8
 − 4 5 2
```

5

```
   7 5 4
 − 3 2 6
```

6

```
   8 4 4
 − 3 2 8
```

7

```
   9 7 3
 − 6 1 5
```

8

```
   9 6 2
 − 4 3 6
```

9

```
   8 2 7
 − 5 7 4
```

10

```
   6 6 2
 − 3 3 4
```

11

```
   6 7 6
 − 1 8 1
```

12

```
   5 7 4
 − 3 3 6
```

13

```
   7 6 5
 − 3 8 4
```

14

```
   4 3 6
 − 2 2 8
```

15 650−380

16 720−190

17 805−273

18 508−333

19 460−137

20 770−542

21 637−121

22 728−555

23 493−226

24 571−156

25 938−415

26 769−386

27 535−353

28 474−235

29 618−157

30 890−243

31 958−696

32 795−559

세 자리 수의 뺄셈(2)

학습목표

❶ 받아내림이 2번 있는
(세 자리 수)−(세 자리 수)의 계산 익히기

받아내림이 있는 뺄셈은 백 모형 1개를 십 모형 10개로, 십 모형 1개를
일 모형 10개로 바꾸는 것과 같아. 이때 처음 숫자는 1 작아지겠지.
자, 그럼 받아내림이 2번 있는 뺄셈을 공부해 보자.

1 받아내림이 2번 있는 세 자리 수의 뺄셈 원리를 알아 보아요.

[423−164의 계산]

일의 자리 계산	십의 자리 계산	백의 자리 계산

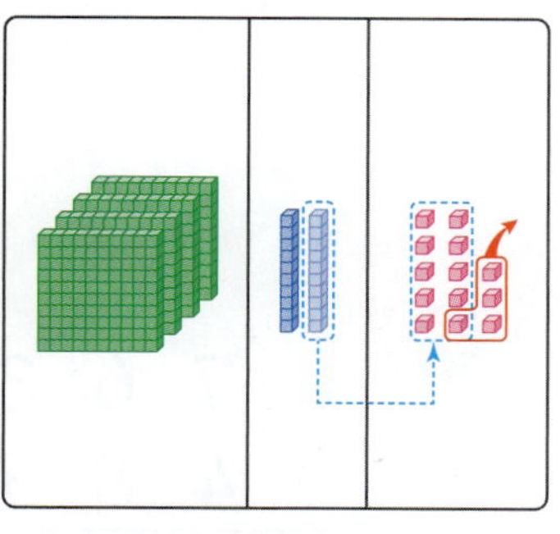 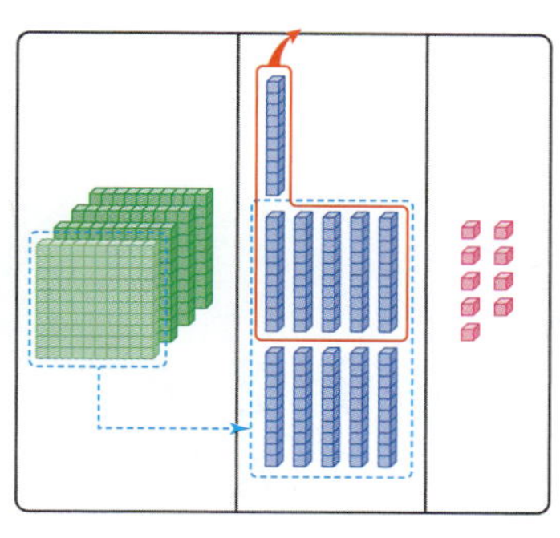 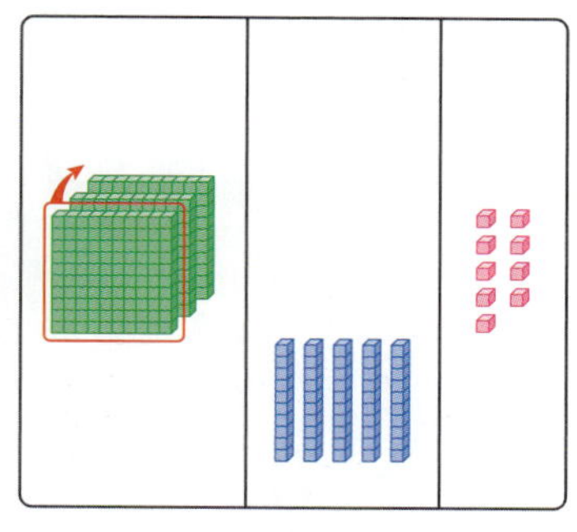

일 모형 3개에서 4개를 뺄 수 없으므로 십 모형 1개를 일 모형 10개로 바꾸어 13개에서 4개를 뺍니다.

남은 십 모형 1개에서 6개를 뺄 수 없으므로 백 모형 1개를 십 모형 10개로 바꾸어 11개에서 6개를 뺍니다.

남은 백 모형 3개에서 1개를 뺍니다.

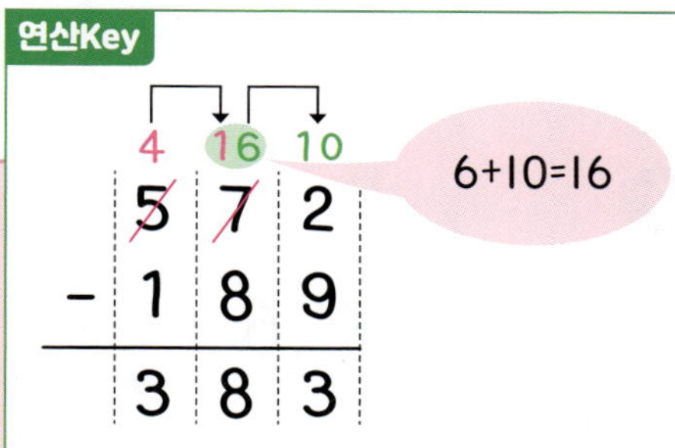

2 받아내림이 2번 있는 세 자리 수의 뺄셈을 해 보아요.

[423−164의 계산]

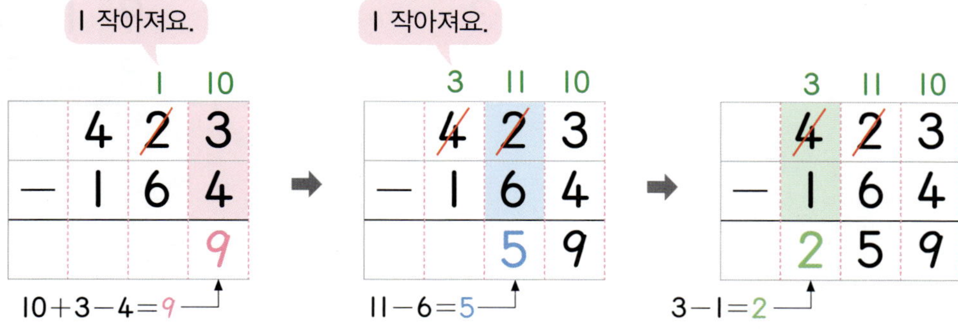

같은 자리의 수끼리 뺄 수 없을 때는
바로 윗자리에서 받아내림하여 계산합니다.

이해 안 되는 내용이 있으면 **한번** 더 공부하고 연산력 키우기로 넘어가세요.

251025-0426 ~ 251025-0439

✿ **계산해 보세요.**

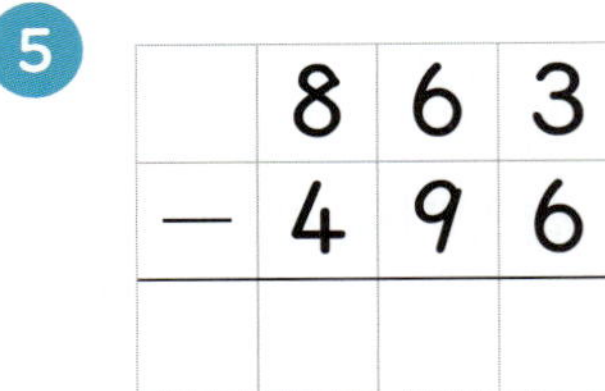

1

$$\begin{array}{r} 7\ 3\ 4 \\ -\ 2\ 6\ 8 \\ \hline \end{array}$$

2

$$\begin{array}{r} 6\ 7\ 1 \\ -\ 3\ 8\ 6 \\ \hline \end{array}$$

3

$$\begin{array}{r} 4\ 2\ 5 \\ -\ 3\ 7\ 6 \\ \hline \end{array}$$

4

$$\begin{array}{r} 3\ 4\ 1 \\ -\ 1\ 5\ 2 \\ \hline \end{array}$$

5

$$\begin{array}{r} 8\ 6\ 3 \\ -\ 4\ 9\ 6 \\ \hline \end{array}$$

6

$$\begin{array}{r} 9\ 2\ 6 \\ -\ 3\ 4\ 7 \\ \hline \end{array}$$

7

$$\begin{array}{r} 5\ 4\ 5 \\ -\ 3\ 5\ 8 \\ \hline \end{array}$$

8

$$\begin{array}{r} 3\ 8\ 3 \\ -\ 1\ 9\ 5 \\ \hline \end{array}$$

9

$$\begin{array}{r} 4\ 3\ 6 \\ -\ 2\ 6\ 9 \\ \hline \end{array}$$

10

$$\begin{array}{r} 6\ 1\ 2 \\ -\ 4\ 5\ 7 \\ \hline \end{array}$$

11

$$\begin{array}{r} 7\ 6\ 3 \\ -\ 4\ 8\ 9 \\ \hline \end{array}$$

12

$$\begin{array}{r} 8\ 5\ 3 \\ -\ 6\ 9\ 4 \\ \hline \end{array}$$

13

$$\begin{array}{r} 9\ 1\ 3 \\ -\ 3\ 2\ 5 \\ \hline \end{array}$$

14

$$\begin{array}{r} 8\ 4\ 2 \\ -\ 5\ 4\ 6 \\ \hline \end{array}$$

251025-0440 ~ 251025-0451

✿ 가로셈을 세로셈으로 바꾸어 계산해 보세요.

⑮ 345−189

⑲ 672−479

㉓ 364−288

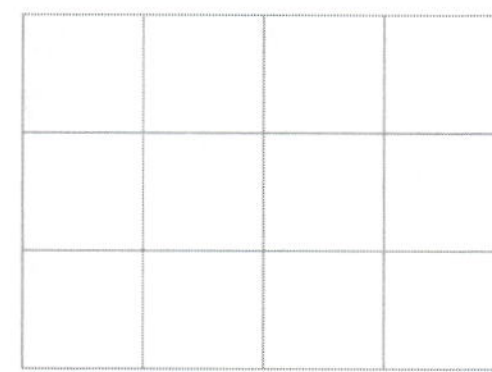

⑯ 742−378

⑳ 582−194

㉔ 837−439

⑰ 677−499

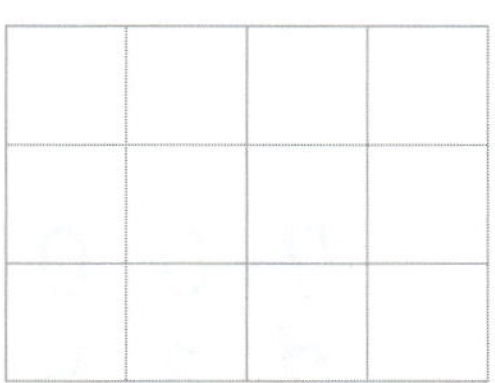

㉑ 423−139

㉕ 911−357

⑱ 651−276

㉒ 854−568

㉖ 457−189

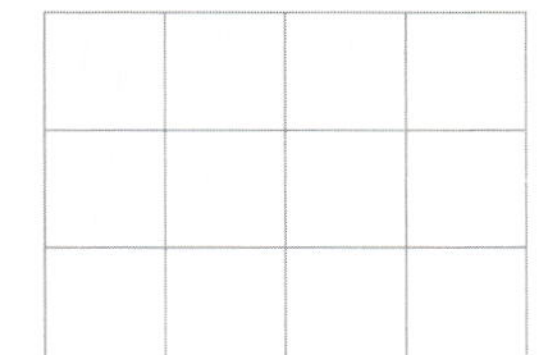

받아내림이 2번 있는 세 자리 수의 뺄셈

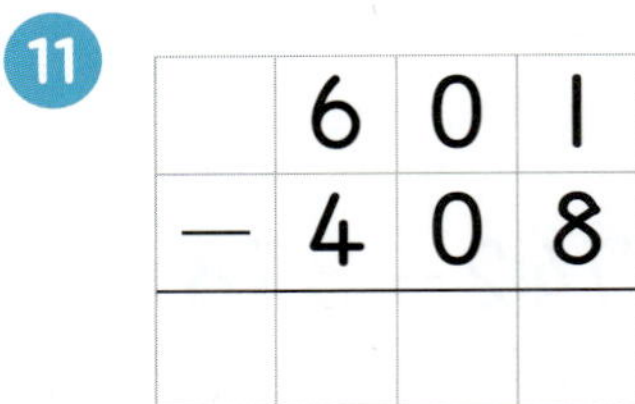

251025-0452 ~ 251025-0465

계산해 보세요.

연산Key

	3	9	10
	4	0	0
−	1	7	7
	2	2	3

1

	5	0	6
−	1	4	9

2

	4	0	7
−	2	3	8

3

	3	0	0
−	1	8	2

4

	6	0	0
−	2	2	2

5

	9	0	0
−	5	3	2

6

	7	0	3
−	4	2	4

7

	5	0	2
−	1	7	6

8

	2	0	4
−	1	3	5

9

	4	0	3
−	2	5	6

10

	8	0	3
−	4	7	6

11

	6	0	1
−	4	0	8

12

	9	0	5
−	4	3	8

13

	7	0	0
−	2	8	5

14

	3	0	4
−	1	2	9

251025-0466 ~ 251025-0477

�֍ 가로셈을 세로셈으로 바꾸어 계산해 보세요.

⑮ 300−284

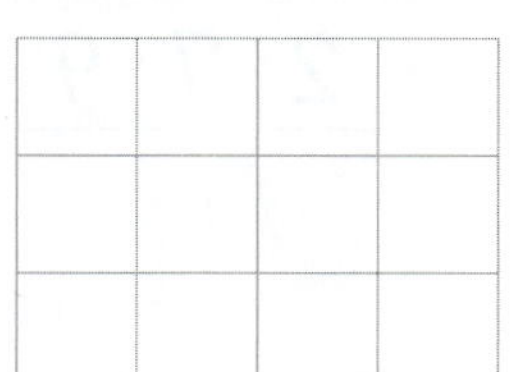

⑯ 302−176

⑰ 400−148

⑱ 407−208

⑲ 500−333

⑳ 504−196

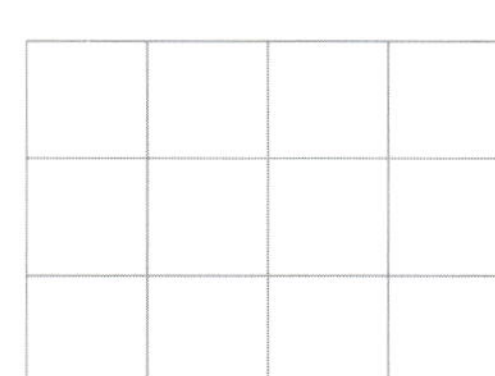

㉑ 600−264

㉒ 605−376

㉓ 800−484

㉔ 803−205

㉕ 900−777

㉖ 901−425

251025-0478 ~ 251025-0491

✿ **계산해 보세요.**

연산Key

$$\begin{array}{r} \overset{4}{\cancel{5}}\ \overset{15}{\cancel{6}}\ \overset{10}{7} \\ -\ 3\ 9\ 8 \\ \hline 1\ 6\ 9 \end{array}$$

1
$$\begin{array}{r} 9\ 6\ 4 \\ -\ 3\ 9\ 8 \\ \hline \end{array}$$

2
$$\begin{array}{r} 3\ 1\ 2 \\ -\ 1\ 2\ 8 \\ \hline \end{array}$$

3
$$\begin{array}{r} 7\ 8\ 5 \\ -\ 5\ 9\ 7 \\ \hline \end{array}$$

4
$$\begin{array}{r} 6\ 4\ 7 \\ -\ 4\ 6\ 8 \\ \hline \end{array}$$

5
$$\begin{array}{r} 4\ 6\ 3 \\ -\ 1\ 7\ 5 \\ \hline \end{array}$$

6
$$\begin{array}{r} 7\ 3\ 1 \\ -\ 1\ 7\ 6 \\ \hline \end{array}$$

7
$$\begin{array}{r} 5\ 2\ 3 \\ -\ 2\ 4\ 5 \\ \hline \end{array}$$

8
$$\begin{array}{r} 6\ 2\ 6 \\ -\ 3\ 4\ 8 \\ \hline \end{array}$$

9
$$\begin{array}{r} 8\ 1\ 4 \\ -\ 5\ 3\ 5 \\ \hline \end{array}$$

10
$$\begin{array}{r} 3\ 1\ 8 \\ -\ 2\ 7\ 9 \\ \hline \end{array}$$

11
$$\begin{array}{r} 6\ 5\ 3 \\ -\ 2\ 7\ 6 \\ \hline \end{array}$$

12
$$\begin{array}{r} 8\ 5\ 8 \\ -\ 4\ 9\ 9 \\ \hline \end{array}$$

13
$$\begin{array}{r} 3\ 4\ 6 \\ -\ 2\ 6\ 7 \\ \hline \end{array}$$

14
$$\begin{array}{r} 9\ 3\ 2 \\ -\ 8\ 7\ 6 \\ \hline \end{array}$$

15 852−476

16 333−176

17 543−378

18 362−179

19 627−479

20 962−278

21 263−184

22 453−279

23 925−446

24 410−264

25 743−569

26 210−157

27 725−396

28 628−539

29 215−138

30 576−189

31 831−275

32 324−188

251025-0510 ~ 251025-0523

✳ **계산해 보세요.**

연산Key

$$\begin{array}{r} \overset{4\ \ \ 9\ \ 10}{5\ \ 0\ \ 1} \\ -\ 1\ 5\ 7 \\ \hline 3\ 4\ 4 \end{array}$$

5
$$\begin{array}{r} 7\ 0\ 4 \\ -\ 5\ 1\ 9 \\ \hline \end{array}$$

10
$$\begin{array}{r} 3\ 0\ 7 \\ -\ 2\ 1\ 8 \\ \hline \end{array}$$

1
$$\begin{array}{r} 6\ 0\ 0 \\ -\ 2\ 3\ 6 \\ \hline \end{array}$$

6
$$\begin{array}{r} 8\ 0\ 2 \\ -\ 4\ 6\ 9 \\ \hline \end{array}$$

11
$$\begin{array}{r} 5\ 0\ 4 \\ -\ 1\ 9\ 5 \\ \hline \end{array}$$

2
$$\begin{array}{r} 7\ 0\ 2 \\ -\ 3\ 1\ 6 \\ \hline \end{array}$$

7
$$\begin{array}{r} 2\ 0\ 6 \\ -\ 1\ 3\ 8 \\ \hline \end{array}$$

12
$$\begin{array}{r} 7\ 0\ 8 \\ -\ 4\ 3\ 9 \\ \hline \end{array}$$

3
$$\begin{array}{r} 5\ 0\ 7 \\ -\ 1\ 6\ 8 \\ \hline \end{array}$$

8
$$\begin{array}{r} 4\ 0\ 4 \\ -\ 2\ 8\ 7 \\ \hline \end{array}$$

13
$$\begin{array}{r} 9\ 0\ 7 \\ -\ 4\ 0\ 9 \\ \hline \end{array}$$

4
$$\begin{array}{r} 4\ 0\ 0 \\ -\ 3\ 6\ 9 \\ \hline \end{array}$$

9
$$\begin{array}{r} 6\ 0\ 3 \\ -\ 5\ 3\ 5 \\ \hline \end{array}$$

14
$$\begin{array}{r} 5\ 0\ 3 \\ -\ 3\ 6\ 6 \\ \hline \end{array}$$

15 826−298

16 274−186

17 921−365

18 613−584

19 731−395

20 854−667

21 508−279

22 435−176

23 752−584

24 653−186

25 806−577

26 314−197

27 311−145

28 652−376

29 944−599

30 486−197

31 504−378

32 724−257

251025-0542 ~ 251025-0556

✽ **계산해 보세요.**

연산Key

$$370-192=178$$
$$470-192=278$$
$$570-192=378$$

빼지는 수가 100씩 커지면   결과도 100씩 커져요.

① 600−499

② 700−399

③ 800−299

④ 850−464

⑤ 850−364

⑥ 850−264

⑦ 720−454

⑧ 710−444

⑨ 700−434

⑩ 622−157

⑪ 422−157

⑫ 222−157

⑬ 905−608

⑭ 705−408

⑮ 505−208

251025-0557 ~ 251025-0566

✿ **두 수의 차를 구해 보세요.**

16 427 278

17 820 394

18 943 359

19 615 486

20 863 584

21 249 516

22 396 951

23 176 624

24 683 801

25 124 500

(두자리수)÷(한자리수)(1)

학습목표

❶ 곱셈과 나눗셈의 관계 알아보기

❷ 나눗셈의 몫을 곱셈식으로 구하는 방법 익히기

나눗셈은 덧셈, 뺄셈, 곱셈의 모든 연산을 할 수 있을 때 가능한 연산이야. 똑같이 나누는 상황에서 나눗셈식을 만들고 몫을 이해할 수 있어. 이어서 곱셈과 나눗셈의 관계를 학습하면서 몫을 구하는 원리를 이해하게 될 거야. 자, 그럼 나눗셈의 몫을 구하는 방법을 공부해 보자.

❶ 나눗셈식 알아보아요.

- 15개를 똑같이 3묶음으로 나누면 한 묶음에 5개씩입니다.
  ➡ 나눗셈식: $15 \div 3 = 5$
  　 읽기: 15 나누기 3은 5와 같습니다.
- 15개를 5개씩 묶으면 3묶음이 됩니다.
  ➡ 나눗셈식: $15 \div 5 = 3$
  　 읽기: 15 나누기 5는 3과 같습니다.

연산Key

나눗셈식

$$15 \div 3 = 5 \quad 몫$$

나누어지는 수　　나누는 수

읽기 15 나누기 3은 5와 같습니다.

❷ 곱셈과 나눗셈의 관계를 알아보아요.

- 곱셈식을 2개의 나눗셈식으로 나타내기

$$3 \times 5 = 15 \begin{cases} 15 \div 3 = 5 \\ 15 \div 5 = 3 \end{cases}$$

- 나눗셈식을 2개의 곱셈식으로 나타내기

$$15 \div 3 = 5 \begin{cases} 3 \times 5 = 15 \\ 5 \times 3 = 15 \end{cases}$$

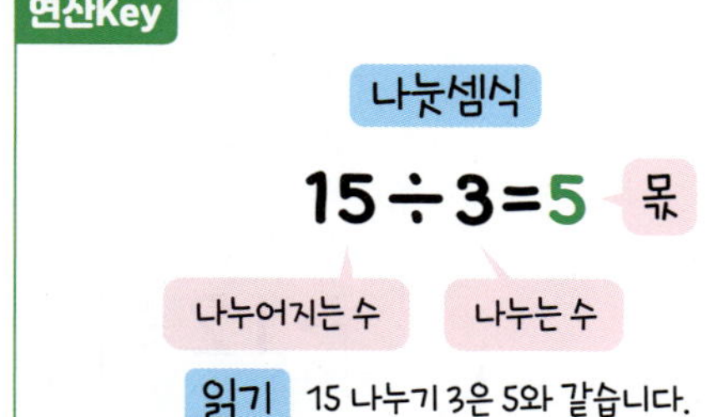

❸ 나눗셈의 몫을 곱셈식으로 구해 보아요.

곱셈과 나눗셈의 관계를 이용하여 몫을 구할 수 있습니다.

$$12 \div 3 = \boxed{4}$$

$$3 \times \boxed{4} = 12$$

➡ $12 \div 3$의 몫은 4입니다.

251025-0567 ~ 251025-0575

✿ 곱셈식을 보고 나눗셈식 2개로 나타내어 보세요.

연산Key

$$4 \times 6 = 24 \rightarrow \begin{cases} 24 \div \boxed{4} = \boxed{6} \\ 24 \div \boxed{6} = \boxed{4} \end{cases}$$

1
$$4 \times 3 = 12 \rightarrow \begin{cases} 12 \div \boxed{} = \boxed{} \\ 12 \div \boxed{} = \boxed{} \end{cases}$$

2
$$2 \times 5 = 10 \rightarrow \begin{cases} 10 \div \boxed{} = \boxed{} \\ 10 \div \boxed{} = \boxed{} \end{cases}$$

3
$$7 \times 2 = 14 \rightarrow \begin{cases} 14 \div \boxed{} = \boxed{} \\ 14 \div \boxed{} = \boxed{} \end{cases}$$

4
$$5 \times 8 = 40 \rightarrow \begin{cases} 40 \div \boxed{} = \boxed{} \\ 40 \div \boxed{} = \boxed{} \end{cases}$$

5
$$5 \times 9 = 45 \rightarrow \begin{cases} 45 \div \boxed{} = \boxed{} \\ 45 \div \boxed{} = \boxed{} \end{cases}$$

6
$$9 \times 7 = 63 \rightarrow \begin{cases} 63 \div \boxed{} = \boxed{} \\ 63 \div \boxed{} = \boxed{} \end{cases}$$

7
$$4 \times 8 = 32 \rightarrow \begin{cases} 32 \div \boxed{} = \boxed{} \\ 32 \div \boxed{} = \boxed{} \end{cases}$$

8
$$6 \times 5 = 30 \rightarrow \begin{cases} 30 \div \boxed{} = \boxed{} \\ 30 \div \boxed{} = \boxed{} \end{cases}$$

9
$$8 \times 6 = 48 \rightarrow \begin{cases} 48 \div \boxed{} = \boxed{} \\ 48 \div \boxed{} = \boxed{} \end{cases}$$

10 $4 \times 2 = 8$

11 $2 \times 9 = 18$

12 $4 \times 7 = 28$

13 $6 \times 3 = 18$

14 $3 \times 7 = 21$

15 $9 \times 3 = 27$

16 $6 \times 7 = 42$

17 $9 \times 6 = 54$

18 $7 \times 5 = 35$

19 $3 \times 8 = 24$

251025-0586 ~ 251025-0594

❈ 나눗셈식을 보고 곱셈식 2개로 나타내어 보세요.

연산Key

$$32 \div 8 = 4 \begin{cases} 8 \times \boxed{4} = \boxed{32} \\ 4 \times \boxed{8} = \boxed{32} \end{cases}$$

5 $\quad 28 \div 7 = 4 \begin{cases} 7 \times \boxed{} = \boxed{} \\ 4 \times \boxed{} = \boxed{} \end{cases}$

1 $\quad 18 \div 2 = 9 \begin{cases} 2 \times \boxed{} = \boxed{} \\ 9 \times \boxed{} = \boxed{} \end{cases}$

6 $\quad 32 \div 4 = 8 \begin{cases} 4 \times \boxed{} = \boxed{} \\ 8 \times \boxed{} = \boxed{} \end{cases}$

2 $\quad 27 \div 3 = 9 \begin{cases} 3 \times \boxed{} = \boxed{} \\ 9 \times \boxed{} = \boxed{} \end{cases}$

7 $\quad 42 \div 7 = 6 \begin{cases} 7 \times \boxed{} = \boxed{} \\ 6 \times \boxed{} = \boxed{} \end{cases}$

3 $\quad 20 \div 5 = 4 \begin{cases} 5 \times \boxed{} = \boxed{} \\ 4 \times \boxed{} = \boxed{} \end{cases}$

8 $\quad 40 \div 8 = 5 \begin{cases} 8 \times \boxed{} = \boxed{} \\ 5 \times \boxed{} = \boxed{} \end{cases}$

4 $\quad 48 \div 6 = 8 \begin{cases} 6 \times \boxed{} = \boxed{} \\ 8 \times \boxed{} = \boxed{} \end{cases}$

9 $\quad 35 \div 5 = 7 \begin{cases} 5 \times \boxed{} = \boxed{} \\ 7 \times \boxed{} = \boxed{} \end{cases}$

10 $30 \div 6 = 5$

11 $21 \div 7 = 3$

12 $72 \div 8 = 9$

13 $54 \div 9 = 6$

14 $24 \div 8 = 3$

15 $63 \div 7 = 9$

16 $36 \div 4 = 9$

17 $14 \div 7 = 2$

18 $48 \div 8 = 6$

19 $56 \div 8 = 7$

251025-0605 ~ 251025-0618

✽ ☐ 안에 알맞은 수를 써넣으세요.

연산Key

$4 \times \boxed{9} = 36$

➡ $36 \div 4 = \boxed{9}$

곱셈식을 나눗셈식으로 만들 수 있어요.

1 $3 \times \boxed{} = 15$

➡ $15 \div 3 = \boxed{}$

2 $6 \times \boxed{} = 42$

➡ $42 \div 6 = \boxed{}$

3 $4 \times \boxed{} = 28$

➡ $28 \div 4 = \boxed{}$

4 $7 \times \boxed{} = 35$

➡ $35 \div 7 = \boxed{}$

5 $8 \times \boxed{} = 56$

➡ $56 \div 8 = \boxed{}$

6 $8 \times \boxed{} = 64$

➡ $64 \div 8 = \boxed{}$

7 $9 \times \boxed{} = 27$

➡ $27 \div 9 = \boxed{}$

8 $4 \times \boxed{} = 16$

➡ $16 \div 4 = \boxed{}$

9 $3 \times \boxed{} = 21$

➡ $21 \div 3 = \boxed{}$

10 $6 \times \boxed{} = 36$

➡ $36 \div 6 = \boxed{}$

11 $5 \times \boxed{} = 40$

➡ $40 \div 5 = \boxed{}$

12 $5 \times \boxed{} = 15$

➡ $15 \div 5 = \boxed{}$

13 $7 \times \boxed{} = 42$

➡ $42 \div 7 = \boxed{}$

14 $9 \times \boxed{} = 45$

➡ $45 \div 9 = \boxed{}$

15 $8 \times \square = 32$
➡ $32 \div 8 = \square$

16 $4 \times \square = 24$
➡ $24 \div 4 = \square$

17 $9 \times \square = 54$
➡ $54 \div 9 = \square$

18 $5 \times \square = 35$
➡ $35 \div 5 = \square$

19 $6 \times \square = 54$
➡ $54 \div 6 = \square$

20 $3 \times \square = 12$
➡ $12 \div 3 = \square$

21 $8 \times \square = 16$
➡ $16 \div 8 = \square$

22 $5 \times \square = 30$
➡ $30 \div 5 = \square$

23 $4 \times \square = 20$
➡ $20 \div 4 = \square$

24 $7 \times \square = 28$
➡ $28 \div 7 = \square$

25 $9 \times \square = 72$
➡ $72 \div 9 = \square$

26 $9 \times \square = 81$
➡ $81 \div 9 = \square$

27 $2 \times \square = 14$
➡ $14 \div 2 = \square$

28 $7 \times \square = 49$
➡ $49 \div 7 = \square$

29 $6 \times \square = 12$
➡ $12 \div 6 = \square$

나눗셈의 몫을 곱셈식으로 구하기

❋ 나눗셈의 몫을 곱셈식을 이용하여 구해 보세요.

251025-0634 ~ 251025-0644

연산Key

$$14 \div 2 = \boxed{7} \leftrightarrow 2 \times \boxed{7} = 14$$

몫 / 곱하는 수

1 $15 \div 3 = \boxed{} \leftrightarrow 3 \times \boxed{} = 15$

2 $20 \div 4 = \boxed{} \leftrightarrow 4 \times \boxed{} = 20$

3 $18 \div 9 = \boxed{} \leftrightarrow 9 \times \boxed{} = 18$

4 $28 \div 4 = \boxed{} \leftrightarrow 4 \times \boxed{} = 28$

5 $30 \div 5 = \boxed{} \leftrightarrow 5 \times \boxed{} = 30$

6 $25 \div 5 = \boxed{} \leftrightarrow 5 \times \boxed{} = 25$

7 $32 \div 8 = \boxed{} \leftrightarrow 8 \times \boxed{} = 32$

8 $63 \div 7 = \boxed{} \leftrightarrow 7 \times \boxed{} = 63$

9 $35 \div 5 = \boxed{} \leftrightarrow 5 \times \boxed{} = 35$

10 $54 \div 9 = \boxed{} \leftrightarrow 9 \times \boxed{} = 54$

11 $48 \div 6 = \boxed{} \leftrightarrow 6 \times \boxed{} = 48$

12 $24 \div 8 = \square \leftrightarrow 8 \times \square = 24$

13 $18 \div 3 = \square \leftrightarrow 3 \times \square = 18$

14 $16 \div 4 = \square \leftrightarrow 4 \times \square = 16$

15 $72 \div 8 = \square \leftrightarrow 8 \times \square = 72$

16 $21 \div 7 = \square \leftrightarrow 7 \times \square = 21$

17 $81 \div 9 = \square \leftrightarrow 9 \times \square = 81$

18 $64 \div 8 = \square \leftrightarrow 8 \times \square = 64$

19 $12 \div 6 = \square \leftrightarrow 6 \times \square = 12$

20 $42 \div 7 = \square \leftrightarrow 7 \times \square = 42$

21 $30 \div 6 = \square \leftrightarrow 6 \times \square = 30$

22 $49 \div 7 = \square \leftrightarrow 7 \times \square = 49$

23 $24 \div 6 = \square \leftrightarrow 6 \times \square = 24$

251025-0657 ~ 251025-0673

❋ 나눗셈의 몫을 구해 보세요.

연산Key

$$18 \div 3 = \boxed{6}$$
$$3 \times \boxed{6} = 18$$

1 $20 \div 5 = \square$

2 $56 \div 8 = \square$

3 $18 \div 9 = \square$

4 $42 \div 7 = \square$

5 $8 \div 4 = \square$

6 $12 \div 4 = \square$

7 $63 \div 7 = \square$

8 $54 \div 6 = \square$

9 $9 \div 9 = \square$

10 $36 \div 4 = \square$

11 $48 \div 6 = \square$

12 $72 \div 9 = \square$

13 $36 \div 6 = \square$

14 $18 \div 3 = \square$

15 $12 \div 2 = \square$

16 $24 \div 4 = \square$

17 $64 \div 8 = \square$

18 $10 \div 2 = \boxed{}$

19 $72 \div 8 = \boxed{}$

20 $21 \div 3 = \boxed{}$

21 $36 \div 9 = \boxed{}$

22 $35 \div 5 = \boxed{}$

23 $24 \div 3 = \boxed{}$

24 $27 \div 9 = \boxed{}$

25 $30 \div 6 = \boxed{}$

26 $40 \div 5 = \boxed{}$

27 $45 \div 9 = \boxed{}$

28 $18 \div 6 = \boxed{}$

29 $54 \div 9 = \boxed{}$

30 $7 \div 7 = \boxed{}$

31 $28 \div 4 = \boxed{}$

32 $63 \div 9 = \boxed{}$

33 $35 \div 7 = \boxed{}$

34 $6 \div 3 = \boxed{}$

35 $16 \div 4 = \boxed{}$

(두자리수)÷(한자리수)(2)

학습목표

❶ 나눗셈의 몫을 곱셈구구로 구하는 방법 익히기

곱셈은 늘어나는 연산, 나눗셈은 줄어드는 연산이라고도 해. 어려운 문제 해결도 기본적인 연산 훈련이 뒷받침되어야 하는 거 알지?
자, 그럼 곱셈구구를 이용하여 쉽고 빠르게 몫을 구하는 방법을 공부해 보자.

❶ 곱셈표를 이용하여 나눗셈의 몫을 구해 보아요.

• 28÷7의 몫 구하기

×	1	2	3	4	5	6	7	8	9
1	1	2	3	4	5	6	7	8	9
2	2	4	6	8	10	12	14	16	18
3	3	6	9	12	15	18	21	24	27
4	4	8	12	16	20	24	28	32	36
5	5	10	15	20	25	30	35	40	45
6	6	12	18	24	30	36	42	48	54
7	7	14	21	28	35	42	49	56	63
8	8	16	24	32	40	48	56	64	72
9	9	18	27	36	45	54	63	72	81

나누는 수인 7단 곱셈구구에서 곱이 28이 되는 곱셈식을 찾습니다.

➡ 7×4＝28

따라서 28÷7의 몫은 4입니다.

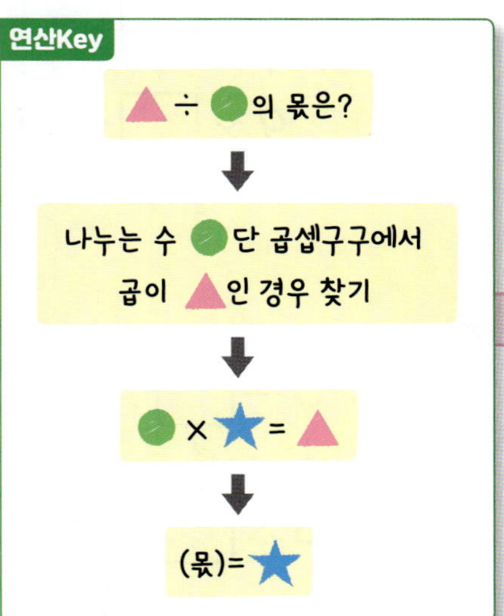

❷ 곱셈구구로 나눗셈의 몫을 구해 보아요.

• 20÷4의 몫 구하기

나누는 수인 4단 곱셈구구에서 곱이 20이 되는 곱셈식을 찾으면 4×5＝20입니다.

따라서 20÷4＝5이므로 몫은 5입니다.

• 16÷8의 몫 구하기

나누는 수인 8단 곱셈구구에서 곱이 16이 되는 곱셈식을 찾으면 8×2＝16입니다.

따라서 16÷8＝2이므로 몫은 2입니다.

이해 안 되는 내용이 있으면 **한번 더** 공부하고 연산력 키우기로 넘어가세요.

251025-0692 ~ 251025-0705

✿ 곱셈구구를 이용하여 나눗셈의 몫을 구해 보세요.

연산Key

$18 \div 9 = \boxed{2}$

9단 곱셈구구에서 곱이 18이 되는 곱셈식을 찾아요.

$9 \times \boxed{2} = 18$

1 $24 \div 3 = \square$

$3 \times \square = 24$

2 $45 \div 9 = \square$

$9 \times \square = 45$

3 $9 \div 3 = \square$

$3 \times \square = 9$

4 $49 \div 7 = \square$

$7 \times \square = 49$

5 $45 \div 5 = \square$

$5 \times \square = 45$

6 $27 \div 9 = \square$

$9 \times \square = 27$

7 $10 \div 5 = \square$

$5 \times \square = 10$

8 $14 \div 7 = \square$

$7 \times \square = 14$

9 $36 \div 4 = \square$

$4 \times \square = 36$

10 $18 \div 2 = \square$

$2 \times \square = 18$

11 $64 \div 8 = \square$

$8 \times \square = 64$

12 $24 \div 6 = \square$

$6 \times \square = 24$

13 $21 \div 3 = \square$

$3 \times \square = 21$

14 $12 \div 6 = \square$

$6 \times \square = 12$

251025-0706 ~ 251025-0720

15 $63 \div 9 = \square$
$9 \times \square = 63$

16 $27 \div 3 = \square$
$3 \times \square = 27$

17 $15 \div 3 = \square$
$3 \times \square = 15$

18 $48 \div 8 = \square$
$8 \times \square = 48$

19 $72 \div 9 = \square$
$9 \times \square = 72$

20 $6 \div 2 = \square$
$2 \times \square = 6$

21 $32 \div 8 = \square$
$8 \times \square = 32$

22 $12 \div 4 = \square$
$4 \times \square = 12$

23 $42 \div 7 = \square$
$7 \times \square = 42$

24 $30 \div 5 = \square$
$5 \times \square = 30$

25 $28 \div 7 = \square$
$7 \times \square = 28$

26 $36 \div 6 = \square$
$6 \times \square = 36$

27 $56 \div 8 = \square$
$8 \times \square = 56$

28 $24 \div 3 = \square$
$3 \times \square = 24$

29 $32 \div 4 = \square$
$4 \times \square = 32$

❋ 나눗셈의 몫을 구해 보세요.

251025-0721 ~ 251025-0739

연산 Key

$$24 \div 3 = 8$$

➡ $3 \times 8 = 24$이므로 몫은 8이에요.

1 $12 \div 4$

2 $30 \div 6$

3 $21 \div 7$

4 $56 \div 8$

5 $40 \div 5$

6 $15 \div 3$

7 $25 \div 5$

8 $28 \div 7$

9 $8 \div 4$

10 $40 \div 8$

11 $36 \div 9$

12 $24 \div 6$

13 $48 \div 6$

14 $35 \div 5$

15 $42 \div 7$

16 $24 \div 8$

17 $54 \div 9$

18 $27 \div 3$

19 $32 \div 4$

251025-0740 ~ 251025-0760

20 $36 \div 4$

27 $21 \div 3$

34 $12 \div 3$

21 $15 \div 5$

28 $35 \div 7$

35 $54 \div 6$

22 $72 \div 8$

29 $36 \div 6$

36 $49 \div 7$

23 $18 \div 6$

30 $45 \div 5$

37 $18 \div 3$

24 $48 \div 8$

31 $56 \div 7$

38 $42 \div 6$

25 $10 \div 2$

32 $16 \div 2$

39 $64 \div 8$

26 $24 \div 4$

33 $28 \div 4$

40 $9 \div 3$

✿ 나눗셈의 몫을 구해 보세요.

251025-0761 ~ 251025-0779

연산Key

$$24 \div 8 = 3$$

➡ $8 \times 3 = 24$이므로
몫은 3이에요.

1 $28 \div 4$

2 $63 \div 7$

3 $40 \div 8$

4 $45 \div 9$

5 $35 \div 7$

6 $24 \div 6$

7 $45 \div 5$

8 $64 \div 8$

9 $81 \div 9$

10 $14 \div 2$

11 $28 \div 7$

12 $18 \div 2$

13 $20 \div 5$

14 $63 \div 9$

15 $12 \div 4$

16 $15 \div 3$

17 $18 \div 9$

18 $42 \div 6$

19 $36 \div 4$

20 $10 \div 5$

21 $12 \div 2$

22 $18 \div 3$

23 $16 \div 2$

24 $27 \div 3$

25 $48 \div 8$

26 $21 \div 7$

27 $16 \div 4$

28 $48 \div 6$

29 $9 \div 3$

30 $72 \div 8$

31 $25 \div 5$

32 $15 \div 5$

33 $54 \div 9$

34 $56 \div 7$

35 $24 \div 4$

36 $30 \div 5$

37 $32 \div 8$

38 $54 \div 6$

39 $72 \div 8$

40 $32 \div 4$

251025-0801 ~ 251025-0822

✿ 나눗셈의 몫을 구해 보세요.

연산Key
나누는 수가
커질수록
$24 \div 4 = 6$
$24 \div 8 = 3$
몫은
작아져요.

① $30 \div 5$

② $30 \div 6$

③ $18 \div 3$

④ $18 \div 6$

⑤ $20 \div 4$

⑥ $20 \div 5$

⑦ $24 \div 3$

⑧ $24 \div 6$

⑨ $40 \div 5$

⑩ $40 \div 8$

⑪ $14 \div 2$

⑫ $14 \div 7$

⑬ $36 \div 4$

⑭ $36 \div 6$

⑮ $48 \div 6$

⑯ $48 \div 8$

⑰ $12 \div 3$

⑱ $12 \div 4$

⑲ $18 \div 2$

⑳ $18 \div 9$

㉑ $35 \div 5$

㉒ $35 \div 7$

251025-0823 ~ 251025-0846

㉓ $16 \div 8$

㉔ $16 \div 2$

㉕ $12 \div 6$

㉖ $12 \div 2$

㉗ $27 \div 9$

㉘ $27 \div 3$

㉙ $56 \div 8$

㉚ $56 \div 7$

㉛ $45 \div 9$

㉜ $45 \div 5$

㉝ $24 \div 6$

㉞ $24 \div 4$

㉟ $35 \div 7$

㊱ $35 \div 5$

㊲ $32 \div 8$

㊳ $32 \div 4$

㊴ $12 \div 4$

㊵ $28 \div 4$

㊶ $10 \div 5$

㊷ $45 \div 5$

㊸ $9 \div 3$

㊹ $21 \div 3$

㊺ $8 \div 8$

㊻ $72 \div 8$

✽ ☐ 안에 알맞은 수를 써넣으세요.

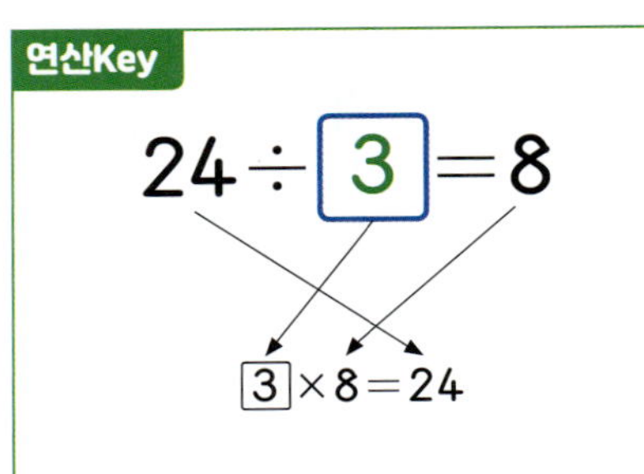

연산Key

$$24 \div \boxed{3} = 8$$

$$\boxed{3} \times 8 = 24$$

1 $25 \div \square = 5$

2 $12 \div \square = 4$

3 $\square \div 5 = 6$

4 $15 \div \square = 3$

5 $30 \div \square = 6$

6 $64 \div \square = 8$

7 $\square \div 9 = 2$

8 $45 \div \square = 5$

9 $\square \div 7 = 9$

10 $24 \div \square = 8$

11 $56 \div \square = 7$

12 $14 \div \square = 2$

13 $18 \div \square = 3$

14 $42 \div \square = 6$

15 $12 \div \square = 2$

16 $35 \div \square = 5$

17 $54 \div \square = 9$

18 $28 \div \square = 4$

19 $\square \div 3 = 5$

251025-0866 ~ 251025-0883

20 $\square \div 8 = 6$

26 $12 \div \square = 6$

32 $\square \div 5 = 3$

21 $15 \div \square = 5$

27 $\square \div 4 = 7$

33 $21 \div \square = 3$

22 $\square \div 8 = 3$

28 $\square \div 6 = 9$

34 $72 \div \square = 9$

23 $8 \div \square = 2$

29 $49 \div \square = 7$

35 $\square \div 4 = 4$

24 $40 \div \square = 8$

30 $\square \div 9 = 4$

36 $14 \div \square = 7$

25 $\square \div 6 = 6$

31 $63 \div \square = 9$

37 $40 \div \square = 5$

(두 자리 수)×(한 자리 수)(1)

학습목표

1. (몇십)×(몇)의 계산 익히기
2. 올림이 없는
   (두 자리 수)×(한 자리 수)의 계산 익히기

주변에서 묶음과 같이 같은 수가 반복되는 물건의 수를 셀 때는 곱셈을 이용할 수 있어.
자, 그럼 (몇십)×(몇)부터 시작하여 (두 자리 수)×(한 자리 수)의 계산 원리를 발견하고, 계산하는 방법을 공부해 보자.

❶ (몇십) × (몇)을 계산해 보아요.

[30×2의 계산]

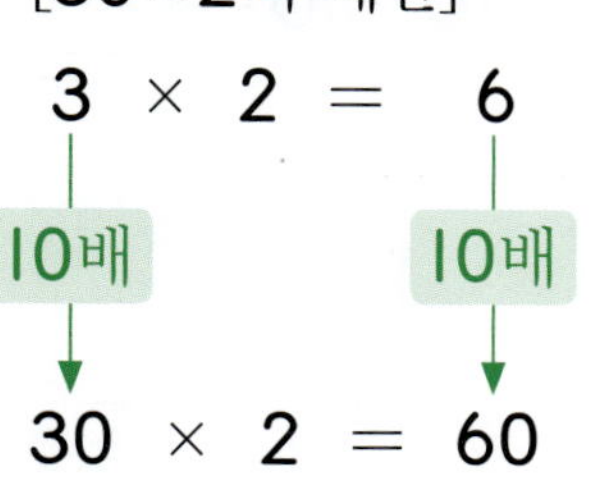

$$3 \times 2 = 6$$

10배   10배

$$30 \times 2 = 60$$

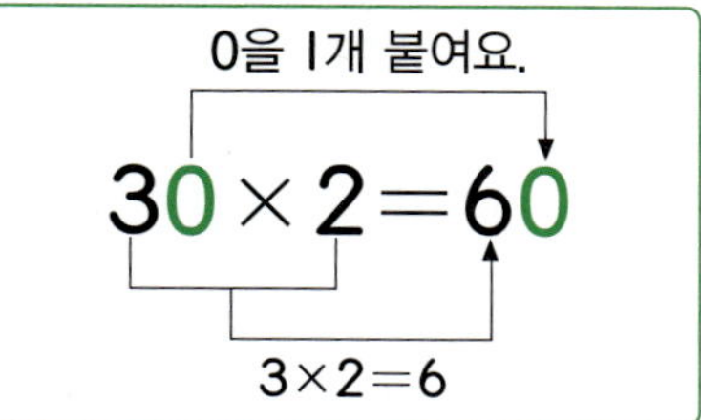

[80×3의 계산]

$$8 \times 3 = 24$$

10배   10배

$$80 \times 3 = 240$$

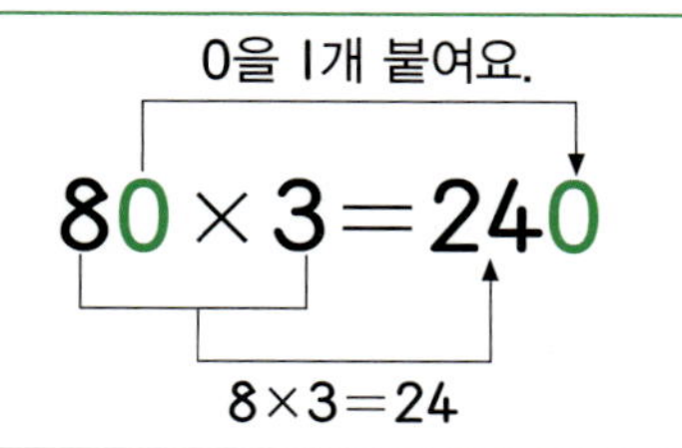

연산Key

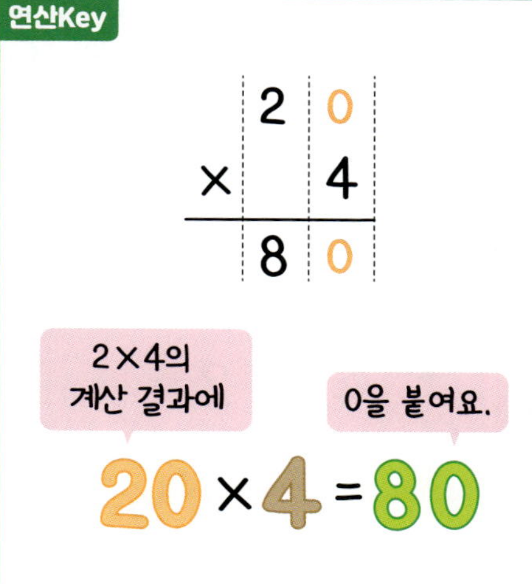

(몇십)×(몇)은 (몇)×(몇)을 구한 뒤에 0을 1개 붙입니다.

❷ 올림이 없는 (두 자리 수) × (한 자리 수)를 계산해 보아요.

[13×2의 계산]

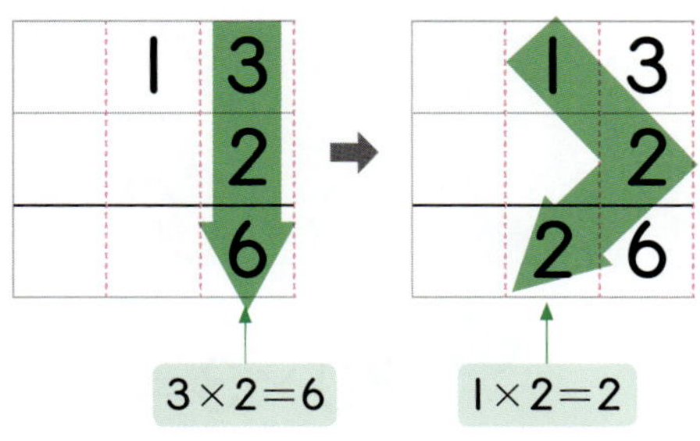

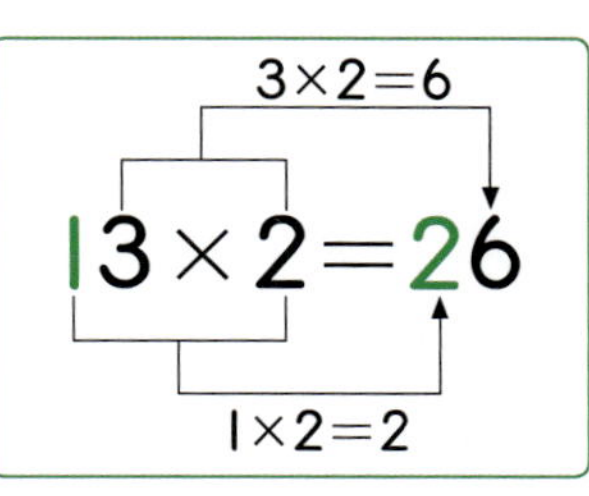

- 곱해지는 수의 일의 자리 수 3과 2의 곱 6을 일의 자리에 씁니다.
- 곱해지는 수의 십의 자리 수 1과 2의 곱 2를 십의 자리에 씁니다.

연산Key

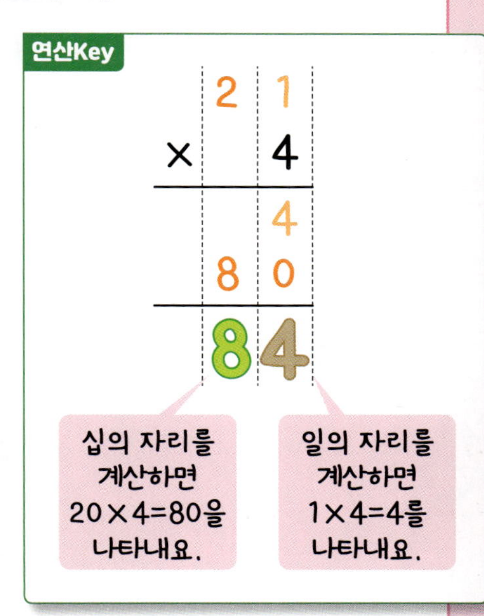

이해 안 되는 내용이 있으면 **한번** 더 공부하고 연산력 키우기로 넘어가세요.

✱ **계산해 보세요.**

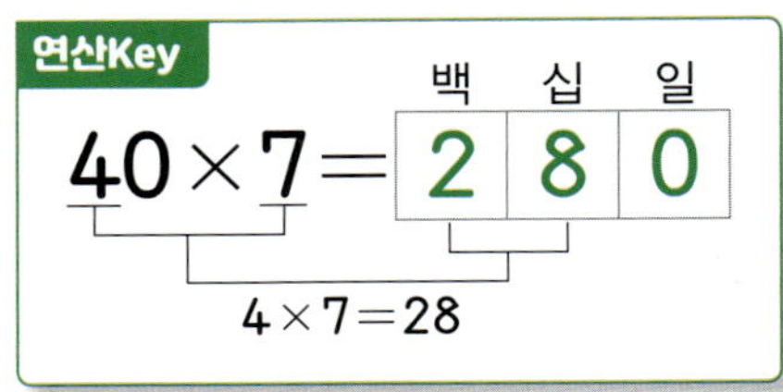

6 $80 \times 2 = $

12 $60 \times 6 = $

1 $40 \times 2 = $

7 $60 \times 3 = $

13 $90 \times 3 = $

2 $30 \times 3 = $

8 $20 \times 7 = $

14 $80 \times 6 = $

3 $20 \times 3 = $

9 $30 \times 5 = $

15 $70 \times 5 = $

4 $50 \times 2 = $

10 $20 \times 8 = $

16 $80 \times 3 = $

5 $20 \times 9 = $

11 $30 \times 6 = $

17 $40 \times 5 = $

18 30×8

19 40×9

20 30×6

21 70×6

22 80×5

23 90×6

24 20×6

25 70×4

26 90×4

27 50×5

28 60×4

29 50×8

30 60×7

31 30×4

32 80×4

33 80×7

34 90×5

35 90×9

연산력 키우기 **2일차** (몇십)×(몇)

251025-0919 ~ 251025-0932

계산해 보세요.

연산Key

	5	0
×		3
1	5	0

←10이 5개씩
←3묶음

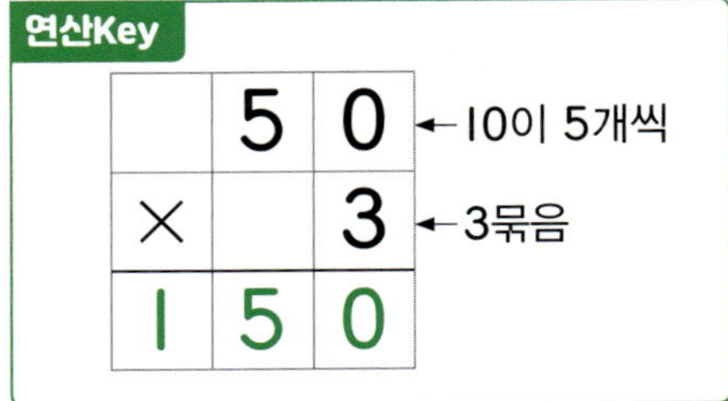

1

	2	0
×		3

2

	3	0
×		4

3

	4	0
×		5

4

	7	0
×		6

5

	6	0
×		3

6

	9	0
×		2

7

	7	0
×		5

8

	8	0
×		4

9

	8	0
×		6

10

	2	0
×		9

11

	3	0
×		7

12

	4	0
×		9

13

	5	0
×		6

14

	6	0
×		8

15 90×8

16 90×5

17 80×7

18 80×9

19 80×3

20 70×2

21 70×8

22 60×9

23 60×4

24 50×7

25 50×6

26 40×6

27 40×7

28 40×9

29 30×9

30 30×8

31 30×7

32 30×6

33 20×6

34 20×9

35 20×8

251025-0954 ~ 251025-0967

✼ **계산해 보세요.**

연산Key

$$\begin{array}{r} 2\ 1 \\ \times\quad 3 \\ \hline 6\ 3 \end{array}$$

$2 \times 3 = 6$　　$1 \times 3 = 3$

5
$$\begin{array}{r} 4\ 2 \\ \times\quad 2 \\ \hline \end{array}$$

10
$$\begin{array}{r} 5\ 6 \\ \times\quad 1 \\ \hline \end{array}$$

1
$$\begin{array}{r} 3\ 4 \\ \times\quad 2 \\ \hline \end{array}$$

6
$$\begin{array}{r} 4\ 1 \\ \times\quad 2 \\ \hline \end{array}$$

11
$$\begin{array}{r} 3\ 1 \\ \times\quad 3 \\ \hline \end{array}$$

2
$$\begin{array}{r} 2\ 3 \\ \times\quad 3 \\ \hline \end{array}$$

7
$$\begin{array}{r} 3\ 3 \\ \times\quad 3 \\ \hline \end{array}$$

12
$$\begin{array}{r} 3\ 2 \\ \times\quad 2 \\ \hline \end{array}$$

3
$$\begin{array}{r} 2\ 4 \\ \times\quad 2 \\ \hline \end{array}$$

8
$$\begin{array}{r} 1\ 3 \\ \times\quad 2 \\ \hline \end{array}$$

13
$$\begin{array}{r} 4\ 3 \\ \times\quad 2 \\ \hline \end{array}$$

4
$$\begin{array}{r} 1\ 2 \\ \times\quad 3 \\ \hline \end{array}$$

9
$$\begin{array}{r} 4\ 4 \\ \times\quad 2 \\ \hline \end{array}$$

14
$$\begin{array}{r} 3\ 4 \\ \times\quad 2 \\ \hline \end{array}$$

15 12×3

16 14×2

17 11×8

18 21×2

19 31×2

20 23×2

21 32×3

22 31×3

23 22×4

24 41×2

25 12×2

26 33×2

251025-0980 ~ 251025-0993

✻ **계산해 보세요.**

연산Key

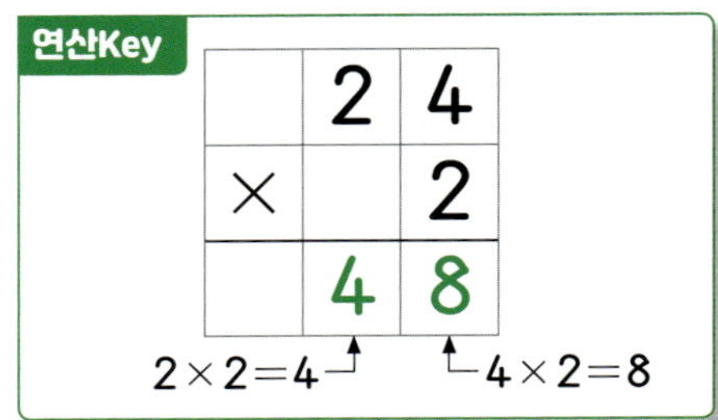

$$
\begin{array}{r}
2\ 4 \\
\times\quad\ 2 \\
\hline
4\ 8
\end{array}
$$

$2 \times 2 = 4$ ↲   ↳ $4 \times 2 = 8$

1
$$
\begin{array}{r}
3\ 2 \\
\times\quad\ 2 \\
\hline
\end{array}
$$

2
$$
\begin{array}{r}
1\ 1 \\
\times\quad\ 5 \\
\hline
\end{array}
$$

3
$$
\begin{array}{r}
3\ 4 \\
\times\quad\ 2 \\
\hline
\end{array}
$$

4
$$
\begin{array}{r}
4\ 0 \\
\times\quad\ 2 \\
\hline
\end{array}
$$

5
$$
\begin{array}{r}
4\ 1 \\
\times\quad\ 2 \\
\hline
\end{array}
$$

6
$$
\begin{array}{r}
3\ 3 \\
\times\quad\ 3 \\
\hline
\end{array}
$$

7
$$
\begin{array}{r}
2\ 2 \\
\times\quad\ 4 \\
\hline
\end{array}
$$

8
$$
\begin{array}{r}
3\ 1 \\
\times\quad\ 3 \\
\hline
\end{array}
$$

9
$$
\begin{array}{r}
1\ 3 \\
\times\quad\ 3 \\
\hline
\end{array}
$$

10
$$
\begin{array}{r}
2\ 1 \\
\times\quad\ 2 \\
\hline
\end{array}
$$

11
$$
\begin{array}{r}
1\ 1 \\
\times\quad\ 3 \\
\hline
\end{array}
$$

12
$$
\begin{array}{r}
2\ 0 \\
\times\quad\ 4 \\
\hline
\end{array}
$$

13
$$
\begin{array}{r}
1\ 0 \\
\times\quad\ 8 \\
\hline
\end{array}
$$

14
$$
\begin{array}{r}
4\ 2 \\
\times\quad\ 2 \\
\hline
\end{array}
$$

⑮ 34×2

⑯ 23×3

⑰ 14×2

⑱ 24×2

⑲ 20×2

⑳ 10×7

㉑ 48×1

㉒ 10×9

㉓ 41×2

㉔ 31×3

㉕ 11×4

㉖ 43×2

1일차　2일차　3일차　4일차　5일차

❋ **계산해 보세요.**

251025-1006 ~ 251025-1029

연산Key

$$30 \times 1 = 30$$
$$30 \times 2 = 60$$
$$30 \times 3 = 90$$

곱하는 수가 1씩 커지면
곱은 30씩 커져요.

7 32×1

8 32×2

9 32×3

1 40×0

2 42×1

3 42×2

4 22×1

5 22×2

6 22×3

10 12×2

11 12×3

12 12×4

13 23×3

14 23×2

15 23×1

16 21×4

17 21×3

18 21×2

19 10×7

20 10×8

21 10×9

22 11×9

23 11×7

24 11×5

학습 점검	학습 날짜	걸린 시간	맞은 개수
	월 일	분 초	

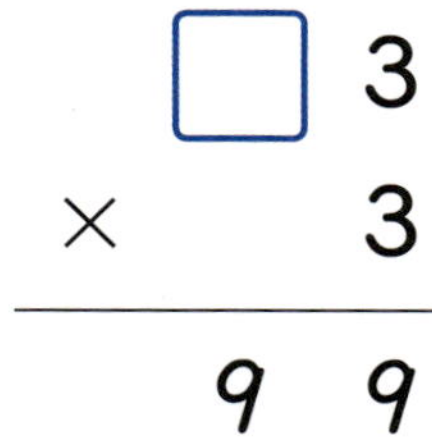

✿ ☐ 안에 알맞은 수를 써넣으세요.

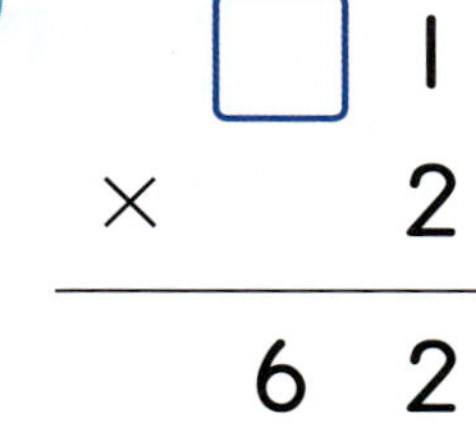

25
$$\begin{array}{r} 1\ \square \\ \times\quad 3 \\ \hline 3\ 9 \end{array}$$

26
$$\begin{array}{r} 2\ \square \\ \times\quad 2 \\ \hline 4\ 6 \end{array}$$

27
$$\begin{array}{r} 1\ 2 \\ \times\quad \square \\ \hline 4\ 8 \end{array}$$

28
$$\begin{array}{r} 1\ \square \\ \times\quad 2 \\ \hline 2\ 8 \end{array}$$

29
$$\begin{array}{r} 2\ 1 \\ \times\quad \square \\ \hline \square\ 3 \end{array}$$

30
$$\begin{array}{r} 3\ \square \\ \times\quad 3 \\ \hline 9\ 3 \end{array}$$

31
$$\begin{array}{r} \square\ 1 \\ \times\quad 2 \\ \hline 6\ 2 \end{array}$$

32
$$\begin{array}{r} 3\ \square \\ \times\quad 2 \\ \hline 6\ 8 \end{array}$$

33
$$\begin{array}{r} 2\ 2 \\ \times\quad \square \\ \hline 8\ 8 \end{array}$$

34
$$\begin{array}{r} \square\ 3 \\ \times\quad 2 \\ \hline 4\ 6 \end{array}$$

35
$$\begin{array}{r} \square\ 3 \\ \times\quad 3 \\ \hline 9\ 9 \end{array}$$

36
$$\begin{array}{r} 1\ \square \\ \times\quad 5 \\ \hline 5\ 5 \end{array}$$

37
$$\begin{array}{r} 3\ 2 \\ \times\quad \square \\ \hline 6\ 4 \end{array}$$

38
$$\begin{array}{r} 4\ 1 \\ \times\quad \square \\ \hline \square\ 2 \end{array}$$

39
$$\begin{array}{r} 4\ \square \\ \times\quad 2 \\ \hline 8\ 6 \end{array}$$

(두 자리 수)×(한 자리 수)(2)

학습목표

❶ 십의 자리에서 올림이 있는
(두 자리 수)×(한 자리 수)의 계산 익히기

덧셈에서 받아올림을 하듯이 곱셈에서도 올림이 있는 계산이 있어.
이번에는 십의 자리에서 올림이 있으면 백의 자리에 올림한 수를 쓰는
것을 배울 거야.
자, 그럼 십의 자리에서 올림이 있는 (두 자리 수)×(한 자리 수)의
계산을 공부해 보자.

1 십의 자리에서 올림이 있는 (두 자리 수) × (한 자리 수)의 계산 원리를 알아보아요.

[32 × 4의 계산]

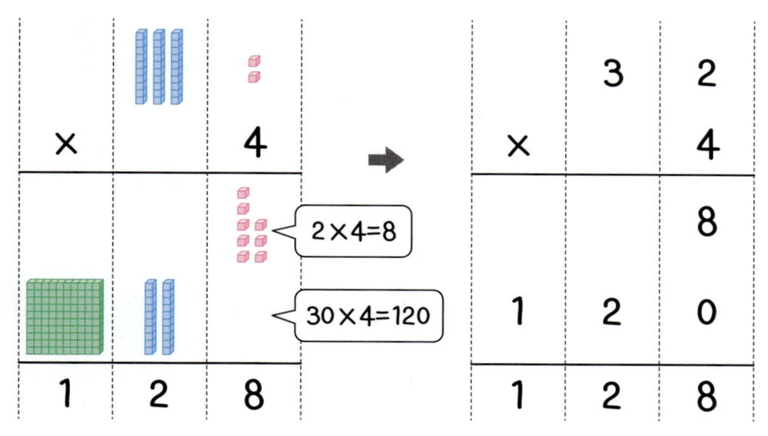

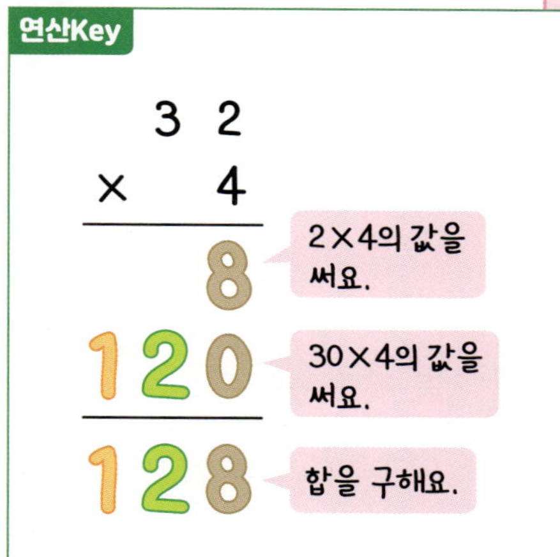

일 모형의 수를 곱셈식으로 나타내면 $2 \times 4 = 8$이고,
십 모형의 수를 곱셈식으로 나타내면 $30 \times 4 = 120$입니다.
따라서 $8 + 120 = 128$입니다.

2 십의 자리에서 올림이 있는 (두 자리 수) × (한 자리 수)를 계산해 보아요.

[52 × 3의 계산]

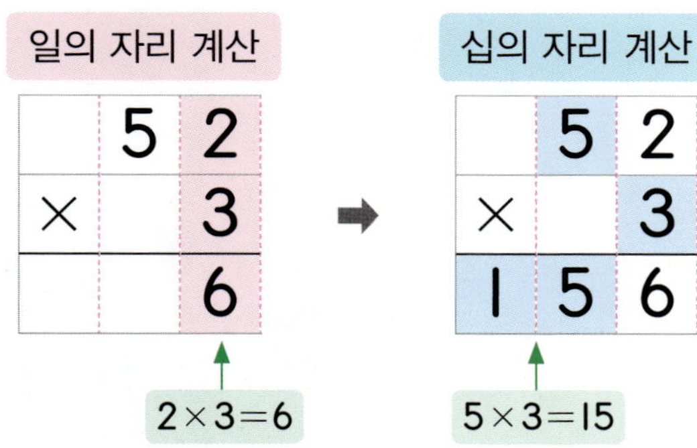

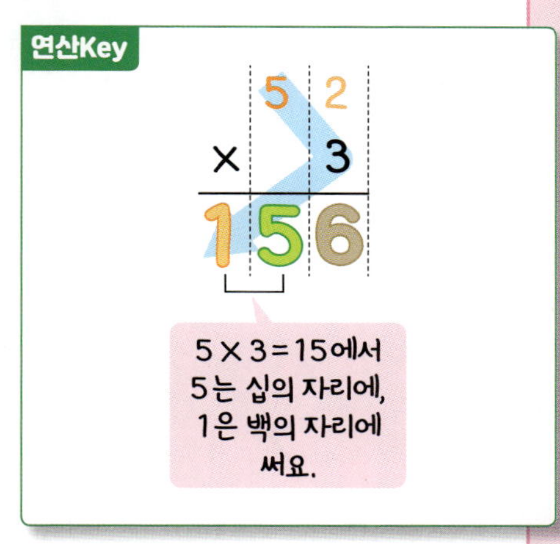

곱해지는 수의 일의 자리 수 2와 3의 곱 6을 일의 자리에 씁니다.
곱해지는 수의 십의 자리 수 5와 3을 곱한 값 15에서 5는 십의
자리에 쓰고, 1은 백의 자리에 써서 156으로 계산합니다.

이해 안 되는 내용이 있으면 **한번** 더 공부하고 연산력 키우기로 넘어가세요.

251025-1045 ~ 251025-1052

✽ ☐ 안에 알맞은 수를 써넣으세요.

연산Key

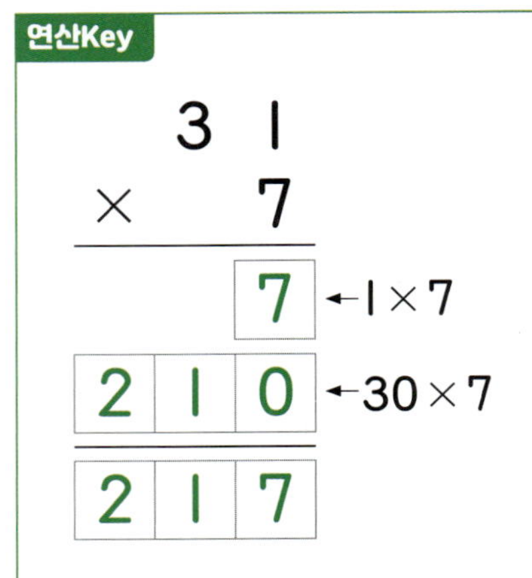

①

$$\begin{array}{r} 8\ 2 \\ \times\quad 2 \end{array}$$

②

$$\begin{array}{r} 2\ 1 \\ \times\quad 6 \end{array}$$

③

$$\begin{array}{r} 9\ 3 \\ \times\quad 2 \end{array}$$

④

$$\begin{array}{r} 4\ 1 \\ \times\quad 4 \end{array}$$

⑤

$$\begin{array}{r} 4\ 1 \\ \times\quad 8 \end{array}$$

⑥

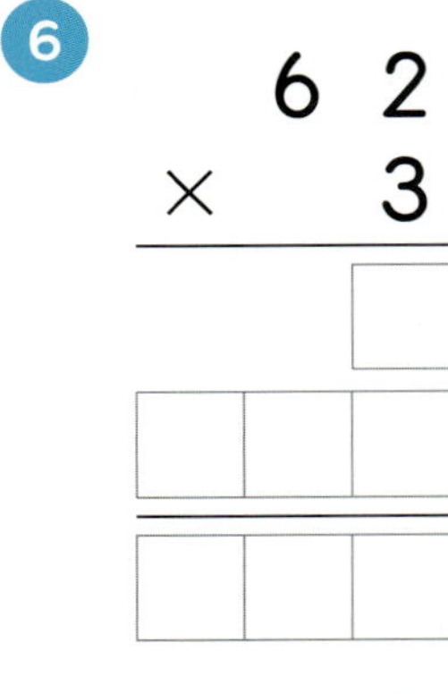

$$\begin{array}{r} 6\ 2 \\ \times\quad 3 \end{array}$$

⑦

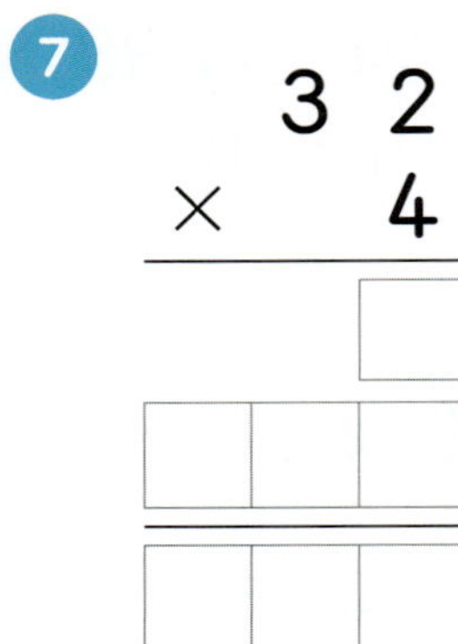

$$\begin{array}{r} 3\ 2 \\ \times\quad 4 \end{array}$$

⑧

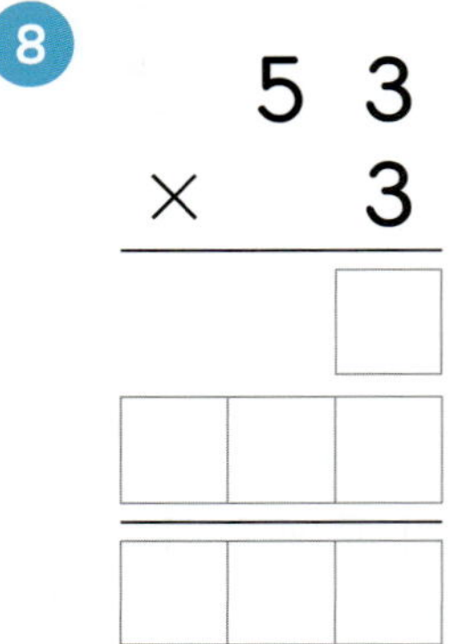

$$\begin{array}{r} 5\ 3 \\ \times\quad 3 \end{array}$$

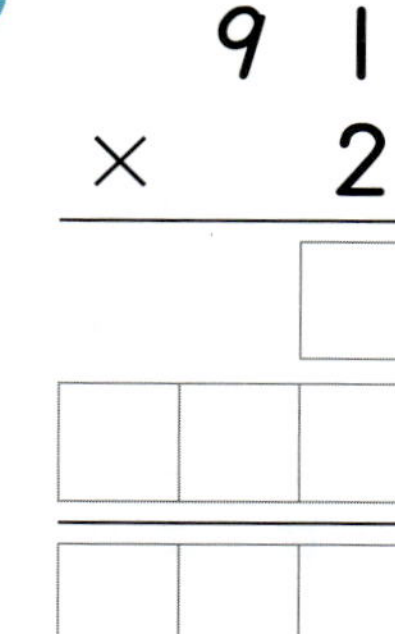

⑨
$$\begin{array}{r} 8\ 4 \\ \times\quad 2 \end{array}$$

⑩
$$\begin{array}{r} 4\ 2 \\ \times\quad 3 \end{array}$$

⑪
$$\begin{array}{r} 7\ 1 \\ \times\quad 4 \end{array}$$

⑫
$$\begin{array}{r} 5\ 3 \\ \times\quad 2 \end{array}$$

⑬
$$\begin{array}{r} 7\ 3 \\ \times\quad 3 \end{array}$$

⑭
$$\begin{array}{r} 8\ 1 \\ \times\quad 5 \end{array}$$

⑮
$$\begin{array}{r} 9\ 1 \\ \times\quad 2 \end{array}$$

⑯
$$\begin{array}{r} 6\ 3 \\ \times\quad 3 \end{array}$$

⑰
$$\begin{array}{r} 5\ 1 \\ \times\quad 9 \end{array}$$

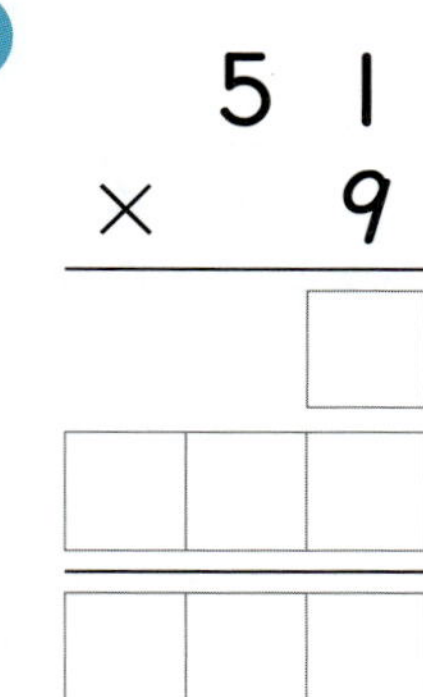

251025-1062 ~ 251025-1072

✽ **계산해 보세요.**

연산Key

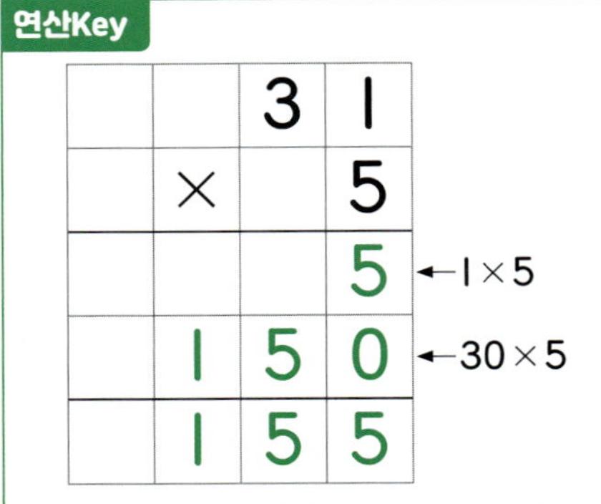

1
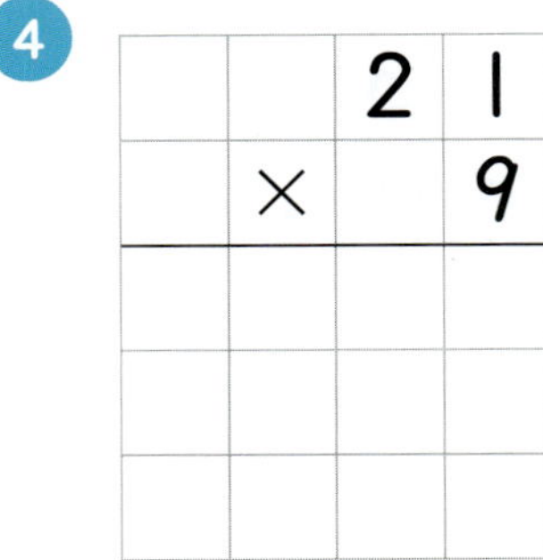

4
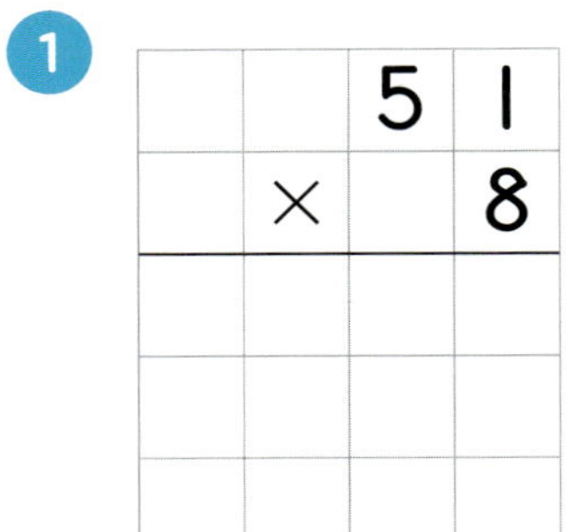

8
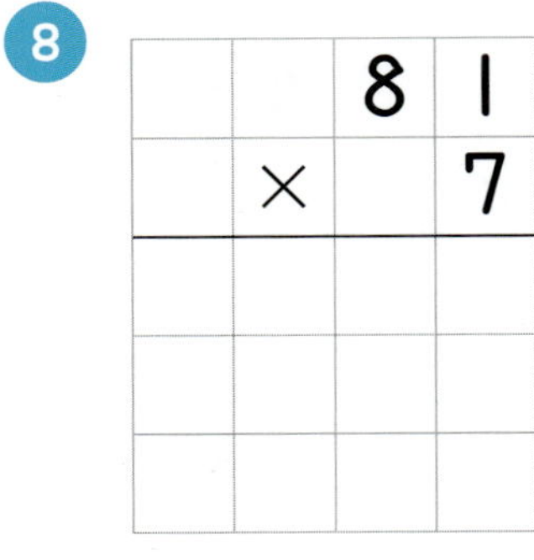

5
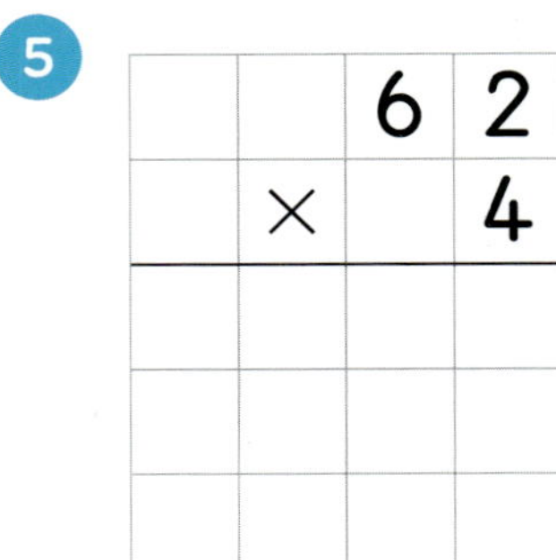

9

2

6
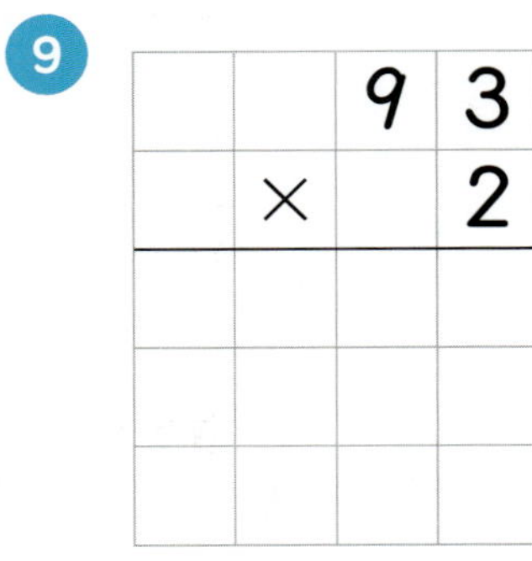

10

3

7
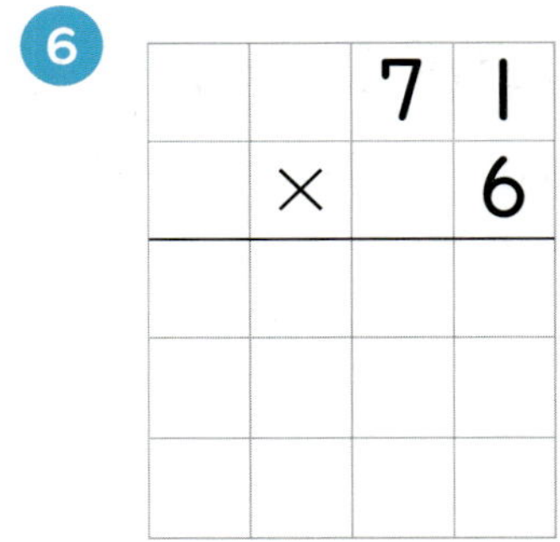

11
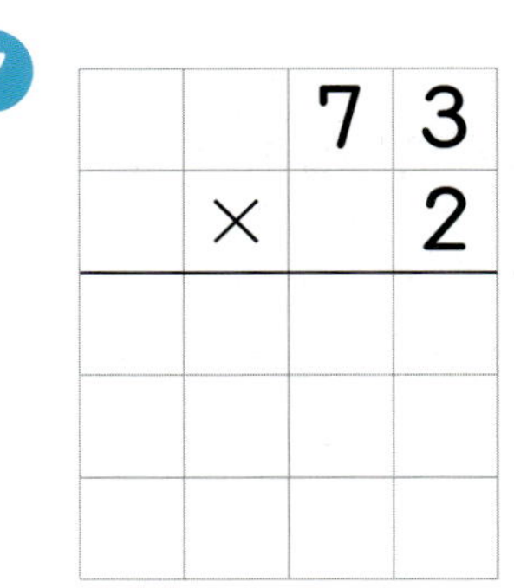

12

$$\begin{array}{r} 4\ 1 \\ \times\ \ \ 9 \\ \hline \end{array}$$

16

$$\begin{array}{r} 8\ 2 \\ \times\ \ \ 4 \\ \hline \end{array}$$

20

$$\begin{array}{r} 5\ 2 \\ \times\ \ \ 4 \\ \hline \end{array}$$

13

$$\begin{array}{r} 5\ 1 \\ \times\ \ \ 7 \\ \hline \end{array}$$

17

$$\begin{array}{r} 3\ 1 \\ \times\ \ \ 9 \\ \hline \end{array}$$

21

$$\begin{array}{r} 7\ 1 \\ \times\ \ \ 4 \\ \hline \end{array}$$

14

$$\begin{array}{r} 6\ 3 \\ \times\ \ \ 2 \\ \hline \end{array}$$

18

$$\begin{array}{r} 7\ 1 \\ \times\ \ \ 8 \\ \hline \end{array}$$

22

$$\begin{array}{r} 9\ 2 \\ \times\ \ \ 3 \\ \hline \end{array}$$

15

$$\begin{array}{r} 7\ 4 \\ \times\ \ \ 2 \\ \hline \end{array}$$

19

$$\begin{array}{r} 5\ 2 \\ \times\ \ \ 3 \\ \hline \end{array}$$

23

$$\begin{array}{r} 6\ 1 \\ \times\ \ \ 4 \\ \hline \end{array}$$

251025-1085 ~ 251025-1098

✱ **계산해 보세요.**

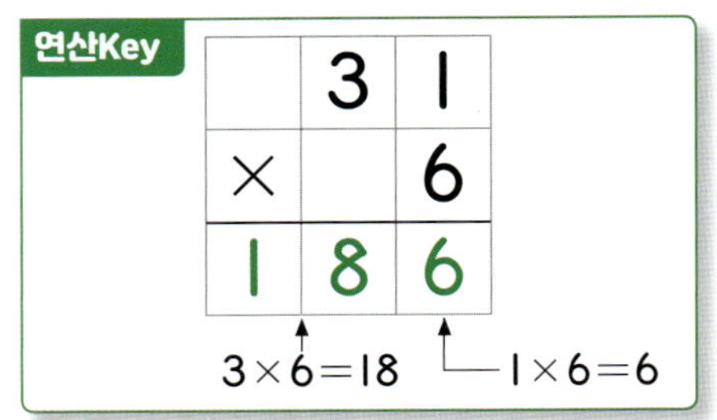

1
```
    8 3
  ×   3
```

2
```
    5 4
  ×   2
```

3
```
    8 1
  ×   9
```

4
```
    6 3
  ×   2
```

5
```
    7 2
  ×   3
```

6
```
    6 2
  ×   4
```

7
```
    3 2
  ×   4
```

8
```
    4 1
  ×   8
```

9
```
    5 2
  ×   3
```

10
```
    6 4
  ×   2
```

11
```
    4 1
  ×   5
```

12
```
    4 3
  ×   3
```

13
```
    9 1
  ×   7
```

14
```
    9 2
  ×   2
```

251025-1099 ~ 251025-1110

✱ **가로셈을 세로셈으로 바꾸어 계산해 보세요.**

⑮ 21×6

⑲ 71×9

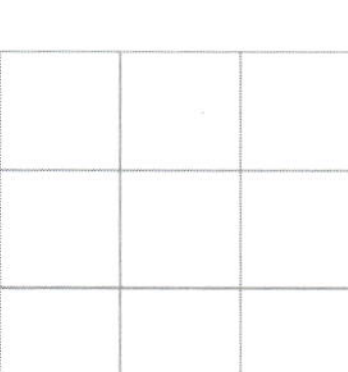

㉓ 41×7

⑯ 31×9

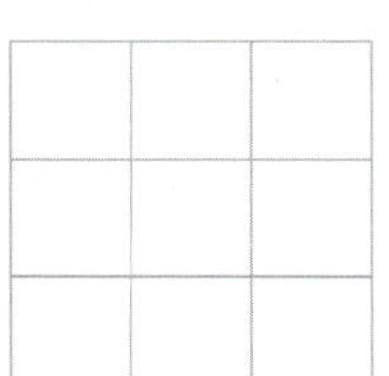

⑳ 53×3

㉔ 61×5

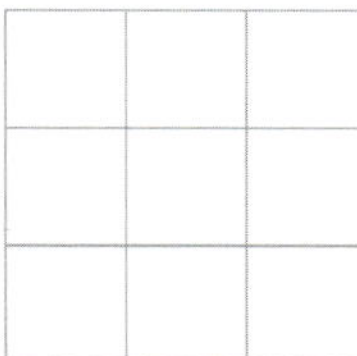

⑰ 73×3

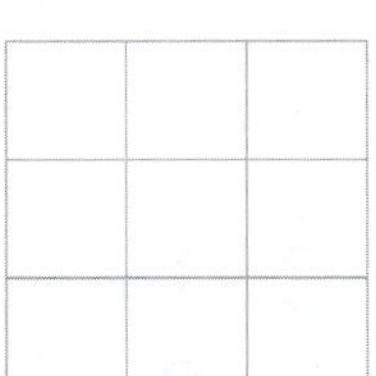

㉑ 81×6

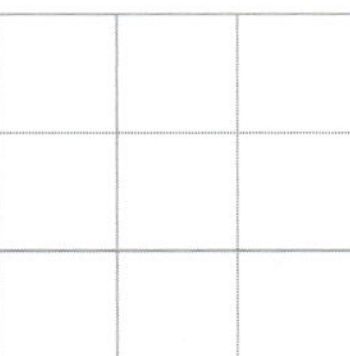

㉕ 62×2

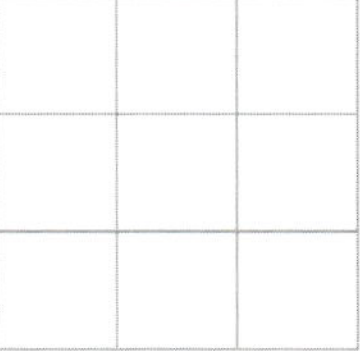

⑱ 94×2

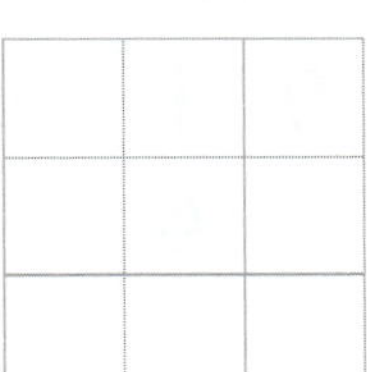

㉒ 51×3

㉖ 82×3

251025-1111 ~ 251025-1124

✿ **계산해 보세요.**

연산Key

$$\begin{array}{r} 5\ 1 \\ \times\quad 4 \\ \hline 2\ 0\ 4 \end{array}$$

$5\times4=20$ ⎿$1\times4=4$

1
$$\begin{array}{r} 4\ 2 \\ \times\quad 4 \\ \hline \end{array}$$

2
$$\begin{array}{r} 7\ 1 \\ \times\quad 6 \\ \hline \end{array}$$

3
$$\begin{array}{r} 8\ 3 \\ \times\quad 2 \\ \hline \end{array}$$

4
$$\begin{array}{r} 4\ 1 \\ \times\quad 5 \\ \hline \end{array}$$

5
$$\begin{array}{r} 3\ 1 \\ \times\quad 4 \\ \hline \end{array}$$

6
$$\begin{array}{r} 2\ 1 \\ \times\quad 8 \\ \hline \end{array}$$

7
$$\begin{array}{r} 5\ 1 \\ \times\quad 4 \\ \hline \end{array}$$

8
$$\begin{array}{r} 5\ 4 \\ \times\quad 2 \\ \hline \end{array}$$

9
$$\begin{array}{r} 6\ 3 \\ \times\quad 3 \\ \hline \end{array}$$

10
$$\begin{array}{r} 7\ 1 \\ \times\quad 5 \\ \hline \end{array}$$

11
$$\begin{array}{r} 9\ 3 \\ \times\quad 2 \\ \hline \end{array}$$

12
$$\begin{array}{r} 8\ 2 \\ \times\quad 2 \\ \hline \end{array}$$

13
$$\begin{array}{r} 8\ 1 \\ \times\quad 8 \\ \hline \end{array}$$

14
$$\begin{array}{r} 9\ 1 \\ \times\quad 4 \\ \hline \end{array}$$

251025-1125 ~ 251025-1136

✳ **가로셈을 세로셈으로 바꾸어 계산해 보세요.**

15) 31×5

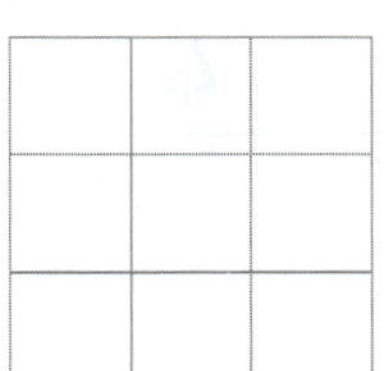

19) 43×3

23) 71×2

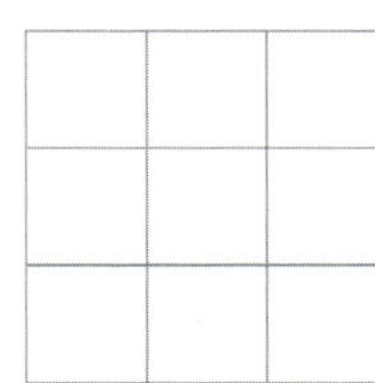

16) 64×2

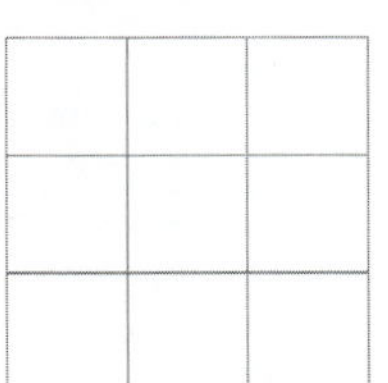

20) 51×8

24) 41×3

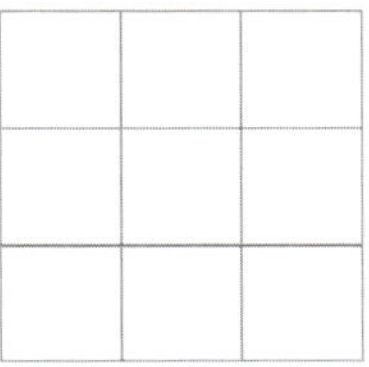

17) 32×4

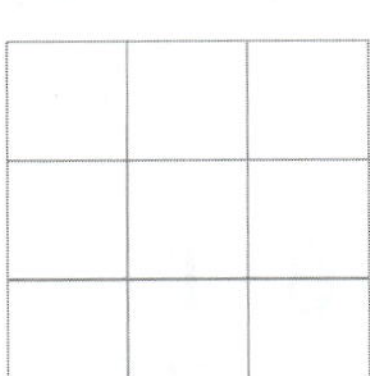

21) 91×7

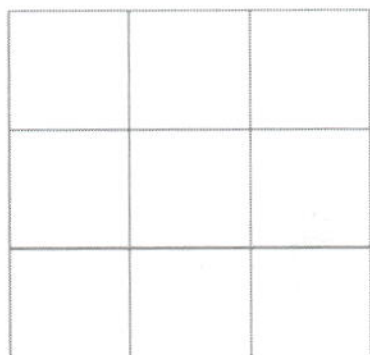

25) 93×3

18) 84×2

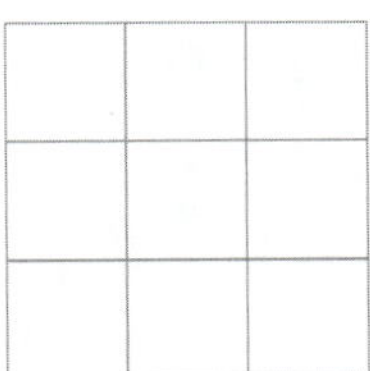

22) 53×2

26) 61×8

🔍 251025-1137 ~ 251025-1150

✿ **계산해 보세요.**

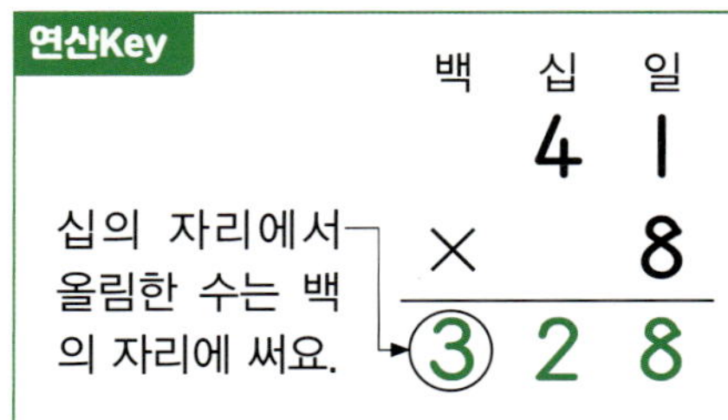

5
$$\begin{array}{r} 2\ 1 \\ \times\quad 6 \\ \hline \end{array}$$

10
$$\begin{array}{r} 3\ 1 \\ \times\quad 4 \\ \hline \end{array}$$

1
$$\begin{array}{r} 4\ 2 \\ \times\quad 3 \\ \hline \end{array}$$

6
$$\begin{array}{r} 9\ 1 \\ \times\quad 6 \\ \hline \end{array}$$

11
$$\begin{array}{r} 6\ 2 \\ \times\quad 3 \\ \hline \end{array}$$

2
$$\begin{array}{r} 7\ 1 \\ \times\quad 3 \\ \hline \end{array}$$

7
$$\begin{array}{r} 8\ 2 \\ \times\quad 4 \\ \hline \end{array}$$

12
$$\begin{array}{r} 9\ 1 \\ \times\quad 3 \\ \hline \end{array}$$

3
$$\begin{array}{r} 4\ 1 \\ \times\quad 8 \\ \hline \end{array}$$

8
$$\begin{array}{r} 5\ 2 \\ \times\quad 2 \\ \hline \end{array}$$

13
$$\begin{array}{r} 6\ 1 \\ \times\quad 7 \\ \hline \end{array}$$

4
$$\begin{array}{r} 7\ 2 \\ \times\quad 3 \\ \hline \end{array}$$

9
$$\begin{array}{r} 8\ 1 \\ \times\quad 9 \\ \hline \end{array}$$

14
$$\begin{array}{r} 9\ 2 \\ \times\quad 4 \\ \hline \end{array}$$

251025-1151 ~ 251025-1171

15. 31×6

16. 52×4

17. 83×2

18. 53×3

19. 81×7

20. 82×2

21. 91×9

22. 41×9

23. 74×2

24. 61×4

25. 94×2

26. 61×3

27. 54×2

28. 41×6

29. 43×3

30. 92×3

31. 81×5

32. 93×3

33. 51×9

34. 61×2

35. 72×4

(두 자리 수)×(한 자리 수)(3)

학습목표

❶ 일의 자리에서 올림이 있는
(두 자리 수)×(한 자리 수)의 계산 익히기

지난 차시에서 십의 자리 계산에서 올림이 있으면 백의 자리에 올림한 수를 쓰는 거 기억나지? 이번에는 일의 자리 계산에서 올림이 있으면 십의 자리에 올려 주고 올림한 수를 빠트리지 않고 반드시 계산하는 것을 연습할 거야. 자, 그럼 일의 자리에서 올림이 있는 (두 자리 수)×(한 자리 수)의 계산을 공부해 보자.

❶ 일의 자리에서 올림이 있는 (두 자리 수) × (한 자리 수)의 계산 원리를 알아보아요.

[18 × 3의 계산]

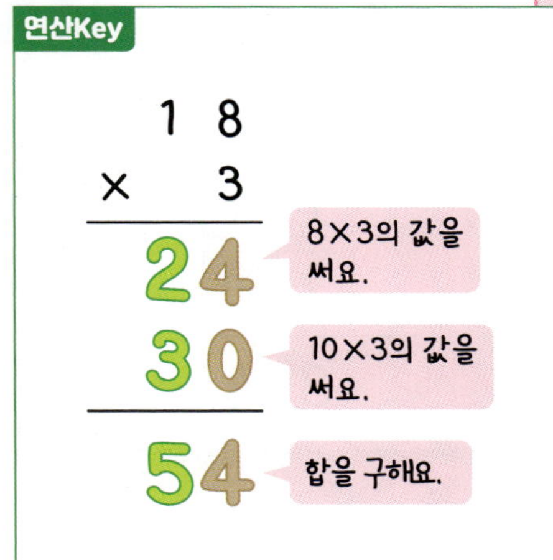

$8 \times 3 = 24$

$10 \times 3 = 30$

일 모형의 수를 곱셈식으로 나타내면 $8 \times 3 = 24$이고,
십 모형의 수를 곱셈식으로 나타내면 $10 \times 3 = 30$입니다.
따라서 $24 + 30 = 54$입니다.

❷ 일의 자리에서 올림이 있는 (두 자리 수) × (한 자리 수)를 계산해 보아요.

[26 × 2의 계산]

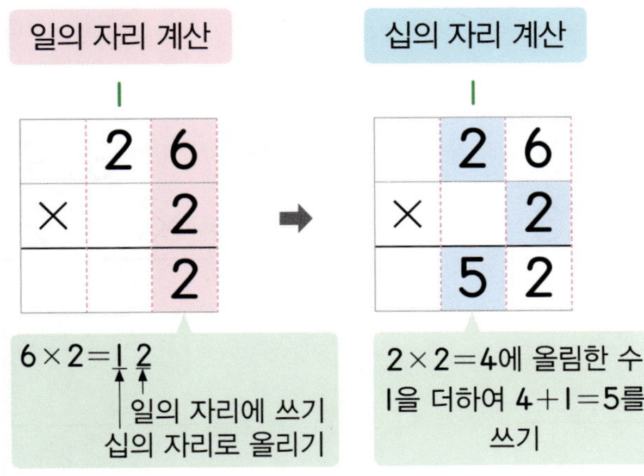

이해 안 되는 내용이 있으면 한번 더 공부하고 연산력 키우기로 넘어가세요.

연산력 키우기 **1일차**

일의 자리에서 올림이 있는 (두 자리 수)×(한 자리 수)

251025-1172 ~ 251025-1179

✽ □ 안에 알맞은 수를 써넣으세요.

연산Key

$$\begin{array}{r} 1\ 7 \\ \times\quad 2 \\ \hline 1\ 4 \\ 2\ 0 \\ \hline 3\ 4 \end{array}$$

1
$$\begin{array}{r} 2\ 3 \\ \times\quad 4 \\ \hline \square\square \\ \square\square \\ \hline \square\square \end{array}$$

2
$$\begin{array}{r} 1\ 8 \\ \times\quad 5 \\ \hline \square\square \\ \square\square \\ \hline \square\square \end{array}$$

3
$$\begin{array}{r} 1\ 4 \\ \times\quad 4 \\ \hline \square\square \\ \square\square \\ \hline \square\square \end{array}$$

4
$$\begin{array}{r} 2\ 7 \\ \times\quad 2 \\ \hline \square\square \\ \square\square \\ \hline \square\square \end{array}$$

5
$$\begin{array}{r} 1\ 5 \\ \times\quad 3 \\ \hline \square\square \\ \square\square \\ \hline \square\square \end{array}$$

6
$$\begin{array}{r} 3\ 6 \\ \times\quad 2 \\ \hline \square\square \\ \square\square \\ \hline \square\square \end{array}$$

7
$$\begin{array}{r} 4\ 5 \\ \times\quad 2 \\ \hline \square\square \\ \square\square \\ \hline \square\square \end{array}$$

8
$$\begin{array}{r} 3\ 9 \\ \times\quad 2 \\ \hline \square\square \\ \square\square \\ \hline \square\square \end{array}$$

학습 점검	학습 날짜	걸린 시간	맞은 개수
	월 일	분 초	

251025-1180 ~ 251025-1188

9
$$\begin{array}{r} 1\ 3 \\ \times\quad 7 \\ \hline \end{array}$$

12
$$\begin{array}{r} 2\ 8 \\ \times\quad 2 \\ \hline \end{array}$$

15
$$\begin{array}{r} 3\ 5 \\ \times\quad 2 \\ \hline \end{array}$$

10
$$\begin{array}{r} 1\ 6 \\ \times\quad 5 \\ \hline \end{array}$$

13
$$\begin{array}{r} 2\ 4 \\ \times\quad 3 \\ \hline \end{array}$$

16
$$\begin{array}{r} 1\ 6 \\ \times\quad 6 \\ \hline \end{array}$$

11
$$\begin{array}{r} 2\ 9 \\ \times\quad 3 \\ \hline \end{array}$$

14
$$\begin{array}{r} 1\ 4 \\ \times\quad 6 \\ \hline \end{array}$$

17
$$\begin{array}{r} 4\ 6 \\ \times\quad 2 \\ \hline \end{array}$$

251025-1189 ~ 251025-1199

✿ **계산해 보세요.**

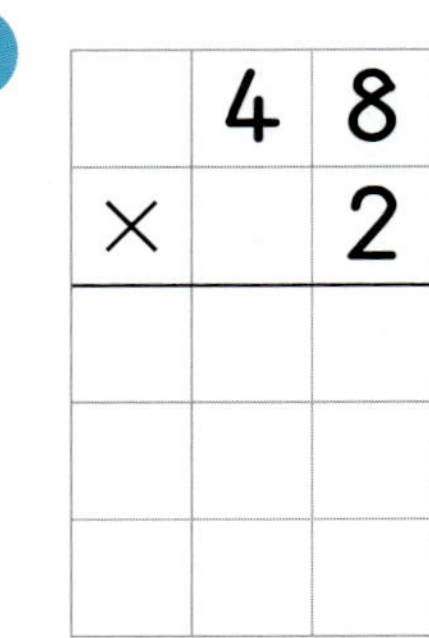

연산Key

$$
\begin{array}{r}
3\ 7 \\
\times \quad 2 \\
\hline
1\ 4 \quad \leftarrow 7\times 2 \\
6\ 0 \quad \leftarrow 30\times 2 \\
\hline
7\ 4
\end{array}
$$

①

$$
\begin{array}{r}
1\ 4 \\
\times \quad 7 \\
\hline
\end{array}
$$

②

$$
\begin{array}{r}
1\ 5 \\
\times \quad 4 \\
\hline
\end{array}
$$

③

$$
\begin{array}{r}
2\ 5 \\
\times \quad 3 \\
\hline
\end{array}
$$

④

$$
\begin{array}{r}
4\ 8 \\
\times \quad 2 \\
\hline
\end{array}
$$

⑤

$$
\begin{array}{r}
1\ 9 \\
\times \quad 5 \\
\hline
\end{array}
$$

⑥

$$
\begin{array}{r}
2\ 6 \\
\times \quad 3 \\
\hline
\end{array}
$$

⑦

$$
\begin{array}{r}
4\ 5 \\
\times \quad 2 \\
\hline
\end{array}
$$

⑧

$$
\begin{array}{r}
3\ 8 \\
\times \quad 2 \\
\hline
\end{array}
$$

⑨

$$
\begin{array}{r}
1\ 8 \\
\times \quad 4 \\
\hline
\end{array}
$$

⑩

$$
\begin{array}{r}
1\ 6 \\
\times \quad 5 \\
\hline
\end{array}
$$

⑪

$$
\begin{array}{r}
2\ 4 \\
\times \quad 3 \\
\hline
\end{array}
$$

12

	1	2
×		8

16

	2	7
×		2

20

	1	9
×		4

13

	1	4
×		5

17

	1	7
×		3

21

	1	4
×		6

14

	3	6
×		2

18

	1	5
×		2

22

	2	6
×		2

15

	2	8
×		3

19

	1	6
×		3

23

	1	3
×		5

251025-1212 ~ 251025-1225

✳ **계산해 보세요.**

연산Key

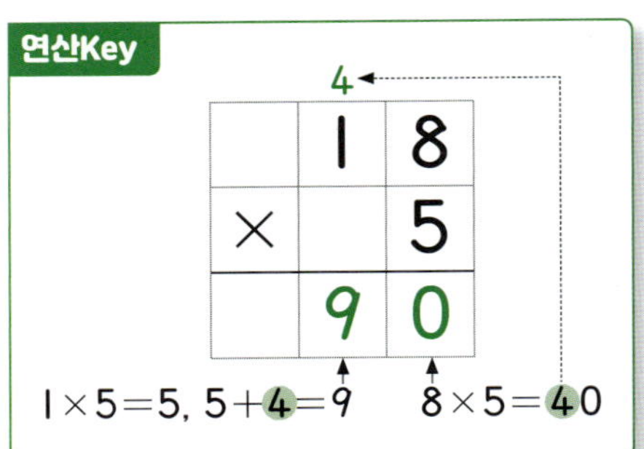

1
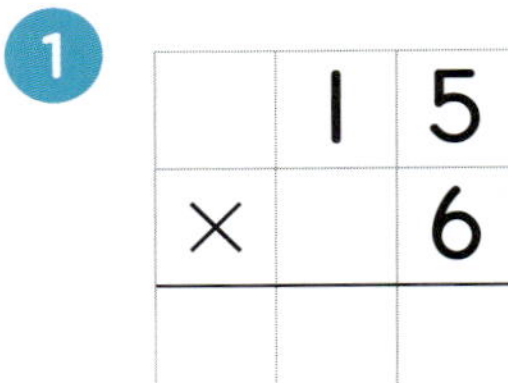

  1 5
× 6

2

  1 7
× 2

3

  1 5
× 3

4

  4 5
× 2

5

  3 9
× 2

6

  2 7
× 3

7

  3 8
× 2

8

  1 7
× 5

9

  1 6
× 6

10

  2 8
× 2

11

  1 6
× 4

12

  2 4
× 3

13

  2 9
× 2

14

  3 5
× 2

251025-1226 ~ 251025-1237

❋ 가로셈을 세로셈으로 바꾸어 계산해 보세요.

⑮ 18×2

⑲ 23×4

㉓ 29×3

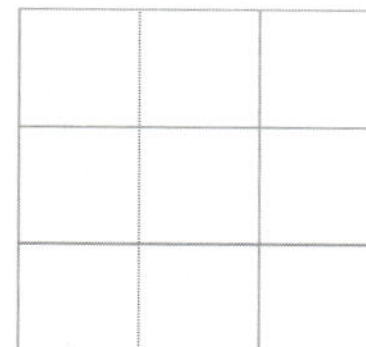

⑯ 13×7

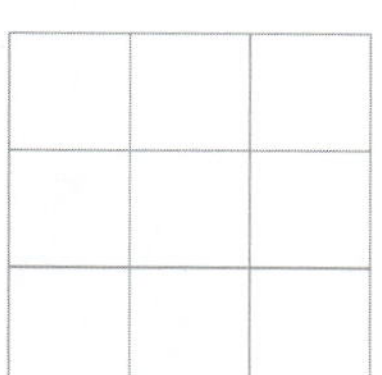

⑳ 49×2

㉔ 37×2

⑰ 19×4

㉑ 28×3

㉕ 13×6

⑱ 25×3

㉒ 16×3

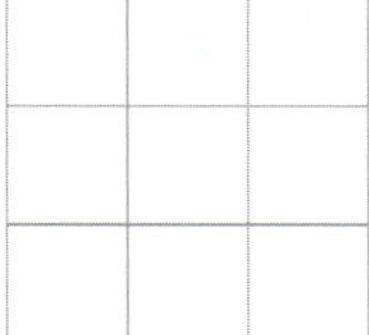

㉖ 48×2

251025-1238 ~ 251025-1251

❋ 계산해 보세요.

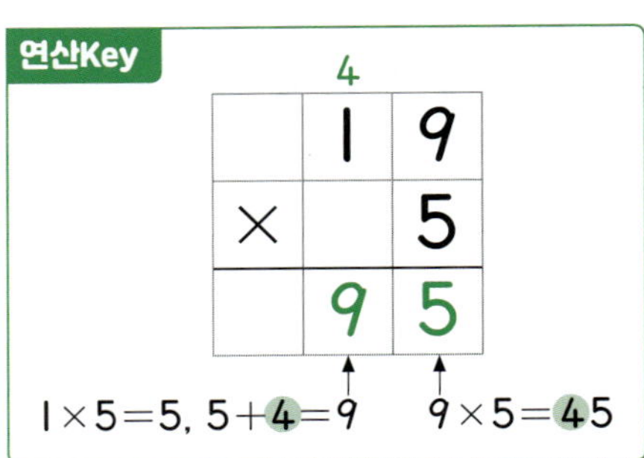

연산Key

$$\begin{array}{r} {\scriptstyle 4} \\ 1\ 9 \\ \times\quad 5 \\ \hline 9\ 5 \end{array}$$

$1\times5=5,\ 5+4=9 \qquad 9\times5=45$

1
$$\begin{array}{r} 1\ 7 \\ \times\quad 3 \\ \hline \end{array}$$

2
$$\begin{array}{r} 1\ 8 \\ \times\quad 5 \\ \hline \end{array}$$

3
$$\begin{array}{r} 2\ 7 \\ \times\quad 2 \\ \hline \end{array}$$

4
$$\begin{array}{r} 3\ 9 \\ \times\quad 2 \\ \hline \end{array}$$

5
$$\begin{array}{r} 2\ 5 \\ \times\quad 2 \\ \hline \end{array}$$

6
$$\begin{array}{r} 3\ 8 \\ \times\quad 2 \\ \hline \end{array}$$

7
$$\begin{array}{r} 3\ 7 \\ \times\quad 2 \\ \hline \end{array}$$

8
$$\begin{array}{r} 1\ 6 \\ \times\quad 5 \\ \hline \end{array}$$

9
$$\begin{array}{r} 2\ 6 \\ \times\quad 3 \\ \hline \end{array}$$

10
$$\begin{array}{r} 1\ 6 \\ \times\quad 6 \\ \hline \end{array}$$

11
$$\begin{array}{r} 2\ 7 \\ \times\quad 3 \\ \hline \end{array}$$

12
$$\begin{array}{r} 4\ 5 \\ \times\quad 2 \\ \hline \end{array}$$

13
$$\begin{array}{r} 2\ 4 \\ \times\quad 4 \\ \hline \end{array}$$

14
$$\begin{array}{r} 1\ 2 \\ \times\quad 6 \\ \hline \end{array}$$

251025-1252 ~ 251025-1263

✿ 가로셈을 세로셈으로 바꾸어 계산해 보세요.

⑮ 17×5

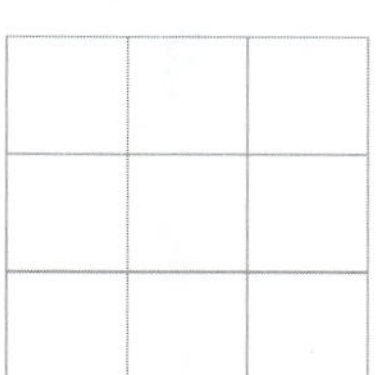

⑲ 19×3

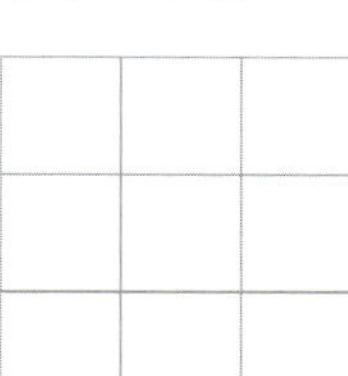

㉓ 28×2

⑯ 23×4

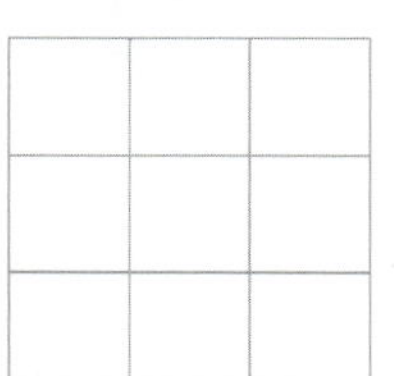

⑳ 14×6

㉔ 46×2

⑰ 48×2

㉑ 35×2

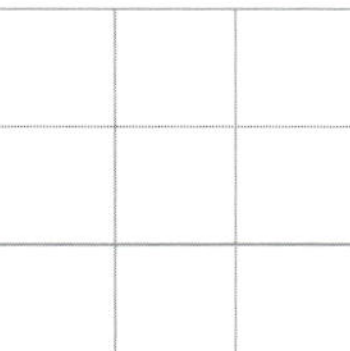

㉕ 13×4

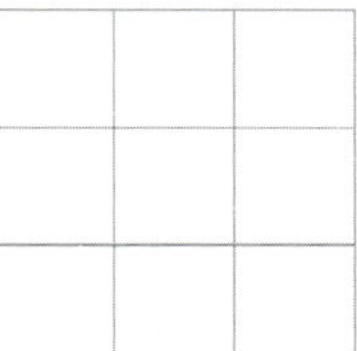

⑱ 25×3

㉒ 18×4

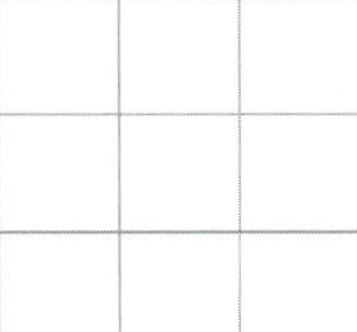

㉖ 36×2

251025-1264 ~ 251025-1277

✿ **계산해 보세요.**

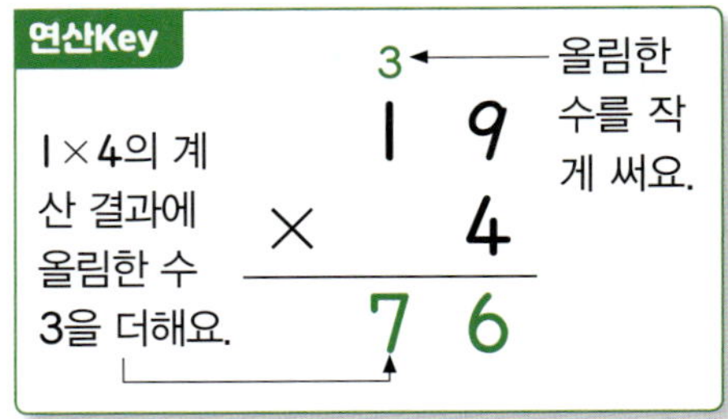

5

$$\begin{array}{r} 1\ 4 \\ \times\ \ \ 4 \\ \hline \end{array}$$

10

$$\begin{array}{r} 2\ 4 \\ \times\ \ \ 3 \\ \hline \end{array}$$

1

$$\begin{array}{r} 2\ 5 \\ \times\ \ \ 3 \\ \hline \end{array}$$

6

$$\begin{array}{r} 1\ 3 \\ \times\ \ \ 5 \\ \hline \end{array}$$

11

$$\begin{array}{r} 4\ 7 \\ \times\ \ \ 2 \\ \hline \end{array}$$

2

$$\begin{array}{r} 1\ 9 \\ \times\ \ \ 4 \\ \hline \end{array}$$

7

$$\begin{array}{r} 2\ 9 \\ \times\ \ \ 2 \\ \hline \end{array}$$

12

$$\begin{array}{r} 1\ 6 \\ \times\ \ \ 4 \\ \hline \end{array}$$

3

$$\begin{array}{r} 1\ 3 \\ \times\ \ \ 7 \\ \hline \end{array}$$

8

$$\begin{array}{r} 4\ 6 \\ \times\ \ \ 2 \\ \hline \end{array}$$

13

$$\begin{array}{r} 3\ 9 \\ \times\ \ \ 2 \\ \hline \end{array}$$

4

$$\begin{array}{r} 2\ 9 \\ \times\ \ \ 3 \\ \hline \end{array}$$

9

$$\begin{array}{r} 1\ 7 \\ \times\ \ \ 5 \\ \hline \end{array}$$

14

$$\begin{array}{r} 2\ 8 \\ \times\ \ \ 3 \\ \hline \end{array}$$

15 12×8

16 13×4

17 14×7

18 15×6

19 16×5

20 17×3

21 18×4

22 19×3

23 23×4

24 24×3

25 25×2

26 26×3

27 27×2

28 28×3

29 29×2

30 35×2

31 36×2

32 37×2

33 38×2

34 45×2

35 48×2

(두자리수)×(한자리수)(4)

학습목표

❶ 올림이 2번 있는
   (두 자리 수)×(한 자리 수)의 계산 익히기

일의 자리와 십의 자리 계산에서 연달아 올림이 있는 곱셈을 배워 볼 거야.
일의 자리에서 올림한 수는 십의 자리 위에 작게 쓴 후에 십의 자리를 계산
할 때 반드시 더해 줘야 해.
자, 그럼 올림이 2번 있는 (두 자리 수)×(한 자리 수)의 계산을 공부해 보자.

① **올림이 2번 있는 (두 자리 수) × (한 자리 수)의 계산 원리를 알아보아요.**

[58×3의 계산]

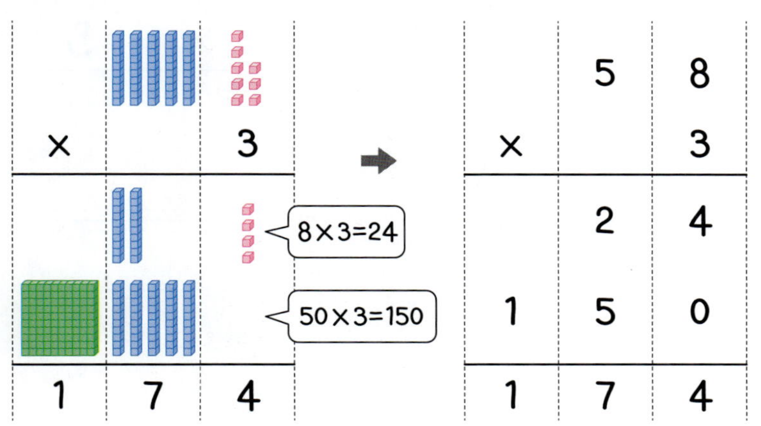

연산Key

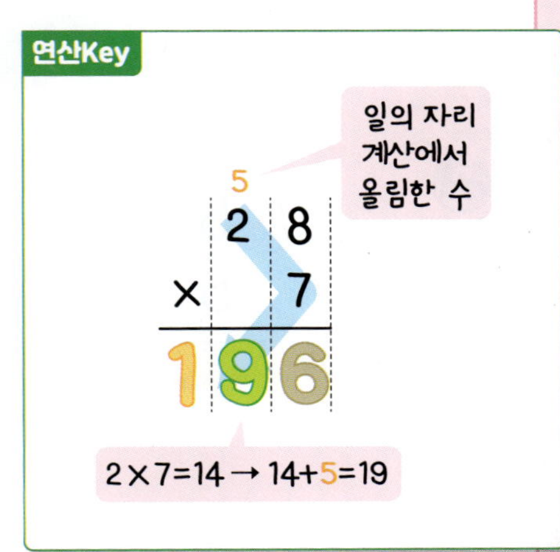

일 모형의 수를 곱셈식으로 나타내면 8×3=24이고,
십 모형의 수를 곱셈식으로 나타내면 50×3=150입니다.
따라서 24+150=174입니다.

② **올림이 2번 있는 (두 자리 수) × (한 자리 수)를 계산해 보아요.**

[28×7의 계산]

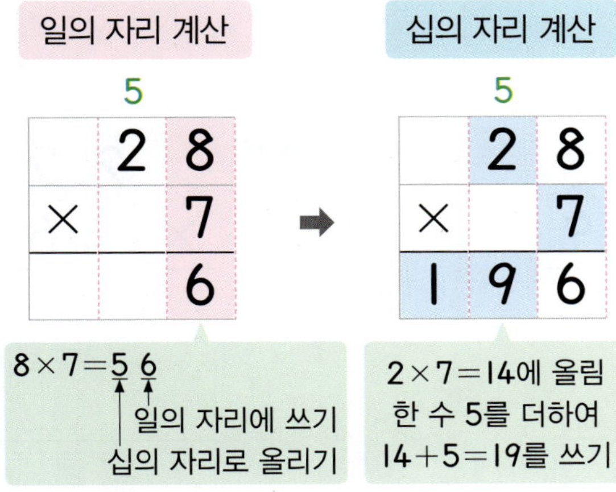

연산Key

이해 안 되는 내용이 있으면 **한번** 더 공부하고 연산력 키우기로 넘어가세요.

❋ ☐ 안에 알맞은 수를 써넣으세요.

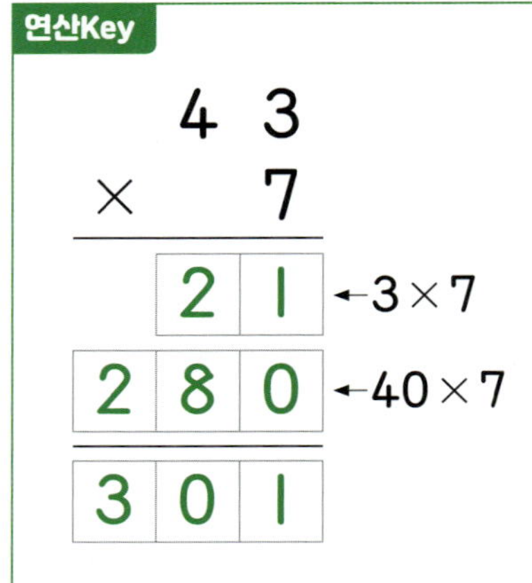

3
$$\begin{array}{r} 3\ 4 \\ \times\ \ 6 \end{array}$$

6
$$\begin{array}{r} 8\ 4 \\ \times\ \ 5 \end{array}$$

1
$$\begin{array}{r} 5\ 3 \\ \times\ \ 4 \end{array}$$

4
$$\begin{array}{r} 2\ 6 \\ \times\ \ 5 \end{array}$$

7
$$\begin{array}{r} 9\ 2 \\ \times\ \ 8 \end{array}$$

2
$$\begin{array}{r} 7\ 5 \\ \times\ \ 5 \end{array}$$

5
$$\begin{array}{r} 6\ 3 \\ \times\ \ 9 \end{array}$$

8
$$\begin{array}{r} 2\ 7 \\ \times\ \ 6 \end{array}$$

9

$$\begin{array}{r} 3\ 4 \\ \times\quad 8 \end{array}$$

12

$$\begin{array}{r} 6\ 3 \\ \times\quad 7 \end{array}$$

15

$$\begin{array}{r} 5\ 4 \\ \times\quad 5 \end{array}$$

10

$$\begin{array}{r} 5\ 9 \\ \times\quad 7 \end{array}$$

13

$$\begin{array}{r} 4\ 5 \\ \times\quad 7 \end{array}$$

16

$$\begin{array}{r} 2\ 9 \\ \times\quad 9 \end{array}$$

11

$$\begin{array}{r} 8\ 4 \\ \times\quad 8 \end{array}$$

14

$$\begin{array}{r} 4\ 9 \\ \times\quad 6 \end{array}$$

17

$$\begin{array}{r} 3\ 6 \\ \times\quad 5 \end{array}$$

251025-1316 ~ 251025-1326

✿ **계산해 보세요.**

연산Key

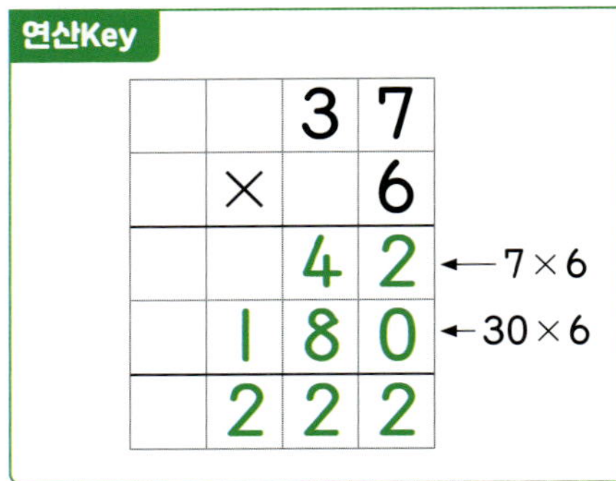

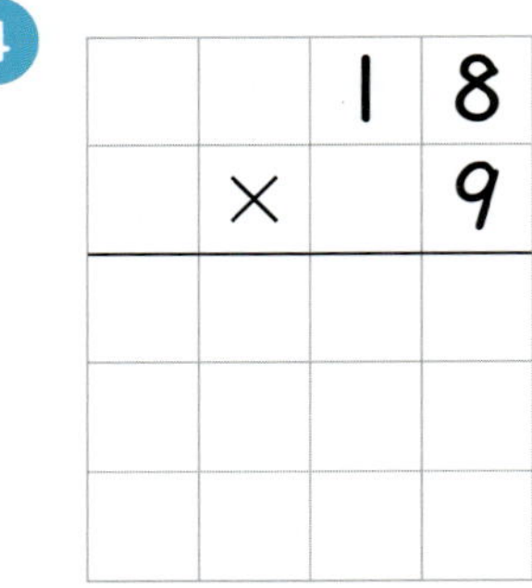

		3	7
	×		6
		4	2	← 7×6
	1	8	0	← 30×6
	2	2	2

④

		1	8
	×		9

⑧

		8	3
	×		6

①

		9	5
	×		4

⑤

		7	8
	×		7

⑨

		9	2
	×		5

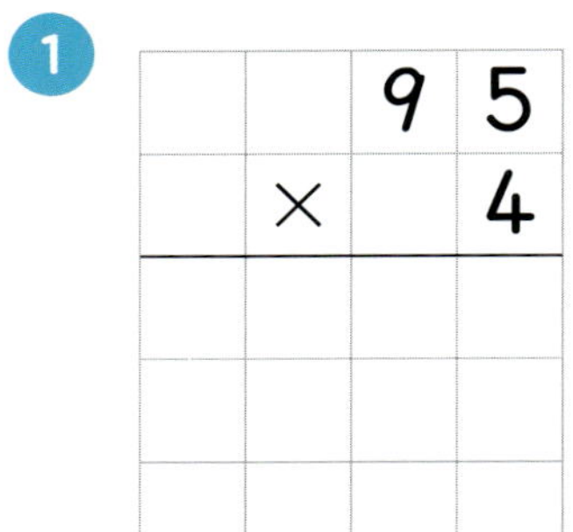

②

		3	4
	×		7

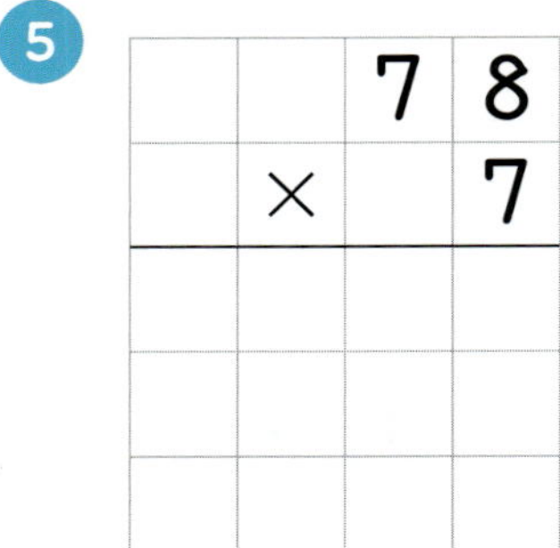

⑥

		5	3
	×		8

⑩

		4	3
	×		8

③

		5	6
	×		5

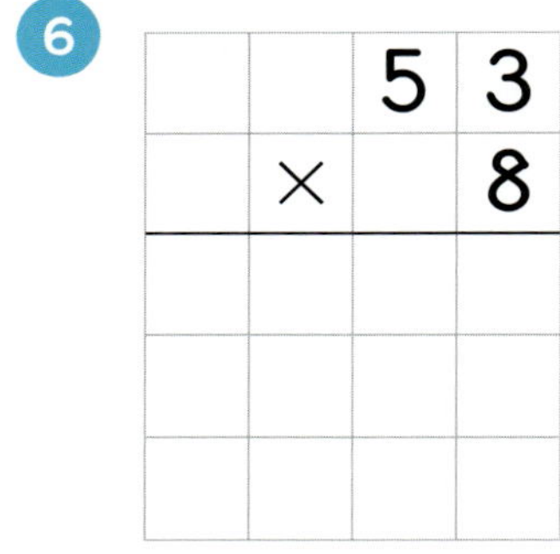

⑦

		6	7
	×		4

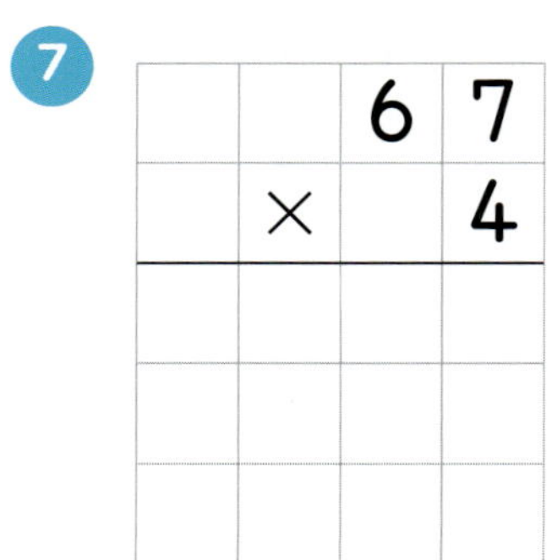

⑪

		2	4
	×		9

12

$$\begin{array}{r} 49 \\ \times\ 7 \\ \hline \end{array}$$

13

$$\begin{array}{r} 19 \\ \times\ 9 \\ \hline \end{array}$$

14

$$\begin{array}{r} 93 \\ \times\ 7 \\ \hline \end{array}$$

15

$$\begin{array}{r} 59 \\ \times\ 5 \\ \hline \end{array}$$

16

$$\begin{array}{r} 57 \\ \times\ 4 \\ \hline \end{array}$$

17

$$\begin{array}{r} 25 \\ \times\ 6 \\ \hline \end{array}$$

18

$$\begin{array}{r} 62 \\ \times\ 6 \\ \hline \end{array}$$

19

$$\begin{array}{r} 35 \\ \times\ 3 \\ \hline \end{array}$$

20

$$\begin{array}{r} 78 \\ \times\ 5 \\ \hline \end{array}$$

21

$$\begin{array}{r} 84 \\ \times\ 9 \\ \hline \end{array}$$

22

$$\begin{array}{r} 26 \\ \times\ 8 \\ \hline \end{array}$$

23

$$\begin{array}{r} 46 \\ \times\ 4 \\ \hline \end{array}$$

251025-1339 ~ 251025-1352

✱ **계산해 보세요.**

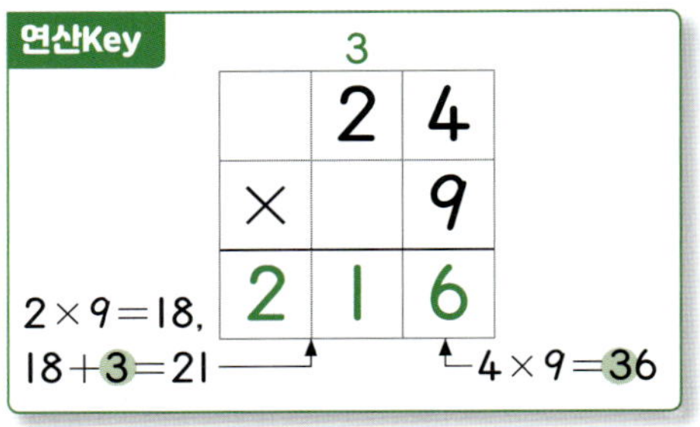

연산Key

$$\begin{array}{r} \overset{3}{2}\ 4 \\ \times\quad 9 \\ \hline 2\ |\ 6 \end{array}$$

$2 \times 9 = 18,$
$18 + 3 = 21$ — └─ $4 \times 9 = 36$

1
$$\begin{array}{r} 9\ 4 \\ \times\quad 5 \\ \hline \end{array}$$

2
$$\begin{array}{r} 6\ 7 \\ \times\quad 5 \\ \hline \end{array}$$

3
$$\begin{array}{r} 7\ 8 \\ \times\quad 8 \\ \hline \end{array}$$

4
$$\begin{array}{r} 6\ 3 \\ \times\quad 4 \\ \hline \end{array}$$

5
$$\begin{array}{r} 7\ 5 \\ \times\quad 2 \\ \hline \end{array}$$

6
$$\begin{array}{r} 1\ 8 \\ \times\quad 7 \\ \hline \end{array}$$

7
$$\begin{array}{r} 5\ 8 \\ \times\quad 4 \\ \hline \end{array}$$

8
$$\begin{array}{r} 9\ 3 \\ \times\quad 9 \\ \hline \end{array}$$

9
$$\begin{array}{r} 2\ 4 \\ \times\quad 7 \\ \hline \end{array}$$

10
$$\begin{array}{r} 3\ 9 \\ \times\quad 5 \\ \hline \end{array}$$

11
$$\begin{array}{r} 4\ 6 \\ \times\quad 9 \\ \hline \end{array}$$

12
$$\begin{array}{r} 8\ 5 \\ \times\quad 6 \\ \hline \end{array}$$

13
$$\begin{array}{r} 4\ 5 \\ \times\quad 7 \\ \hline \end{array}$$

14
$$\begin{array}{r} 3\ 4 \\ \times\quad 6 \\ \hline \end{array}$$

251025-1353 ~ 251025-1364

✳ 가로셈을 세로셈으로 바꾸어 계산해 보세요.

⑮ 53 × 6

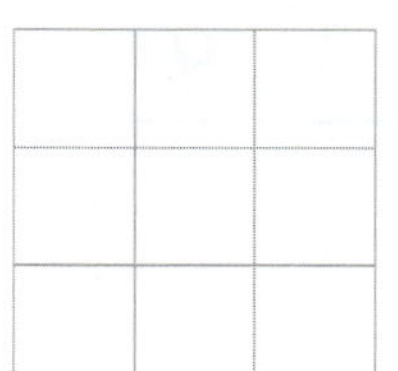

⑲ 73 × 8

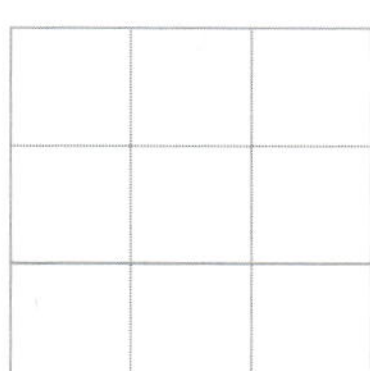

㉓ 96 × 4

⑯ 16 × 7

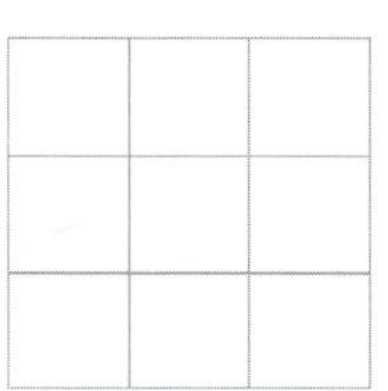

⑳ 48 × 5

㉔ 36 × 9

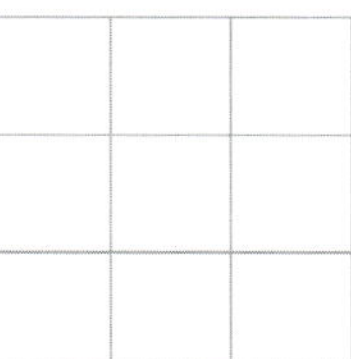

⑰ 25 × 7

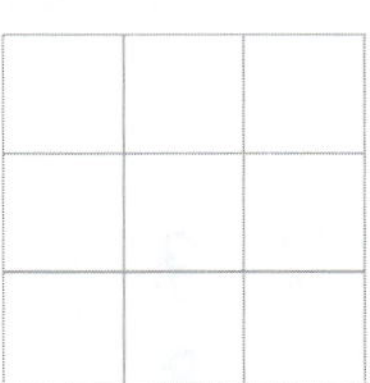

㉑ 64 × 8

㉕ 19 × 6

⑱ 85 × 9

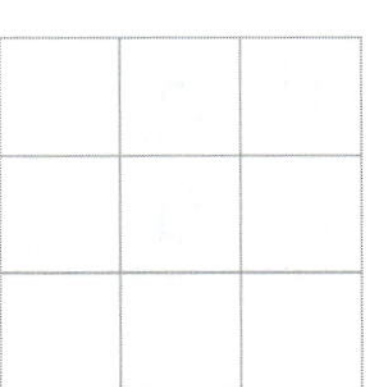

㉒ 76 × 3

㉖ 93 × 5

251025-1365 ~ 251025-1378

✱ **계산해 보세요.**

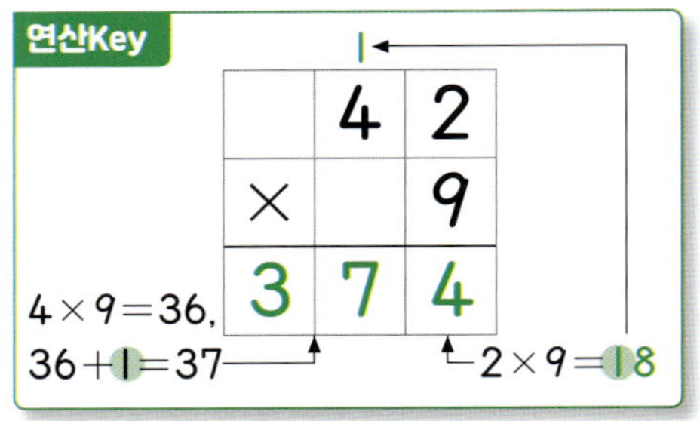

연산Key

$$\begin{array}{r} 4\ 2 \\ \times\ \ \ 9 \\ \hline 3\ 7\ 4 \end{array}$$

$4 \times 9 = 36,$
$36 + 1 = 37$ $2 \times 9 = 18$

1
$$\begin{array}{r} 7\ 4 \\ \times\ \ \ 8 \\ \hline \end{array}$$

2
$$\begin{array}{r} 1\ 5 \\ \times\ \ \ 9 \\ \hline \end{array}$$

3
$$\begin{array}{r} 8\ 5 \\ \times\ \ \ 8 \\ \hline \end{array}$$

4
$$\begin{array}{r} 6\ 5 \\ \times\ \ \ 2 \\ \hline \end{array}$$

5
$$\begin{array}{r} 6\ 7 \\ \times\ \ \ 5 \\ \hline \end{array}$$

6
$$\begin{array}{r} 4\ 6 \\ \times\ \ \ 4 \\ \hline \end{array}$$

7
$$\begin{array}{r} 9\ 4 \\ \times\ \ \ 5 \\ \hline \end{array}$$

8
$$\begin{array}{r} 4\ 9 \\ \times\ \ \ 4 \\ \hline \end{array}$$

9
$$\begin{array}{r} 5\ 4 \\ \times\ \ \ 6 \\ \hline \end{array}$$

10
$$\begin{array}{r} 3\ 3 \\ \times\ \ \ 9 \\ \hline \end{array}$$

11
$$\begin{array}{r} 5\ 6 \\ \times\ \ \ 7 \\ \hline \end{array}$$

12
$$\begin{array}{r} 2\ 8 \\ \times\ \ \ 6 \\ \hline \end{array}$$

13
$$\begin{array}{r} 7\ 9 \\ \times\ \ \ 8 \\ \hline \end{array}$$

14
$$\begin{array}{r} 9\ 5 \\ \times\ \ \ 6 \\ \hline \end{array}$$

🔍 251025-1379 ～ 251025-1390

❋ **가로셈을 세로셈으로 바꾸어 계산해 보세요.**

15 48×4

19 46×6

23 55×3

16 29×8

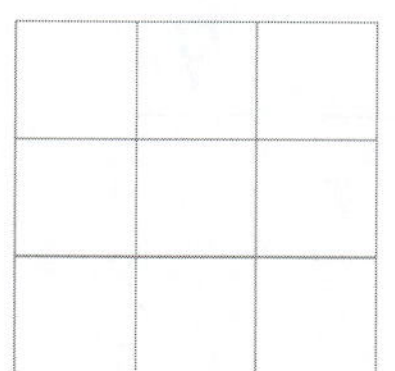

20 38×9

24 63×5

17 82×7

21 95×3

25 78×4

18 59×4

22 37×5

26 76×2

❋ **계산해 보세요.**

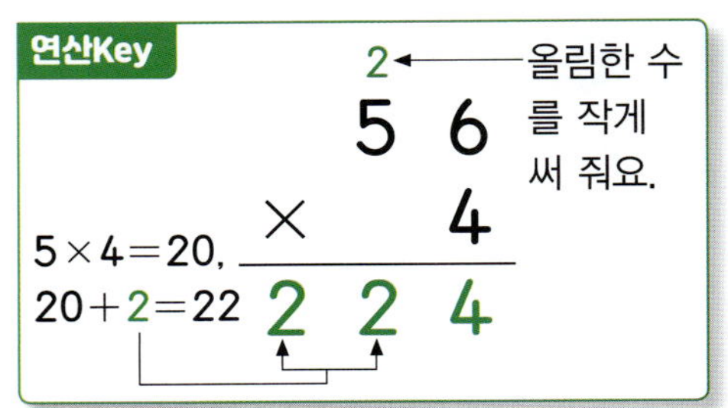

1

$$\begin{array}{r} 3\ 3 \\ \times\ \ 7 \\ \hline \end{array}$$

2

$$\begin{array}{r} 9\ 3 \\ \times\ \ 8 \\ \hline \end{array}$$

3

$$\begin{array}{r} 8\ 5 \\ \times\ \ 3 \\ \hline \end{array}$$

4

$$\begin{array}{r} 7\ 2 \\ \times\ \ 6 \\ \hline \end{array}$$

5

$$\begin{array}{r} 6\ 3 \\ \times\ \ 9 \\ \hline \end{array}$$

6

$$\begin{array}{r} 4\ 5 \\ \times\ \ 8 \\ \hline \end{array}$$

7

$$\begin{array}{r} 6\ 8 \\ \times\ \ 3 \\ \hline \end{array}$$

8

$$\begin{array}{r} 2\ 5 \\ \times\ \ 4 \\ \hline \end{array}$$

9

$$\begin{array}{r} 5\ 2 \\ \times\ \ 8 \\ \hline \end{array}$$

10

$$\begin{array}{r} 7\ 9 \\ \times\ \ 7 \\ \hline \end{array}$$

11

$$\begin{array}{r} 8\ 9 \\ \times\ \ 9 \\ \hline \end{array}$$

12

$$\begin{array}{r} 5\ 7 \\ \times\ \ 5 \\ \hline \end{array}$$

13

$$\begin{array}{r} 9\ 6 \\ \times\ \ 3 \\ \hline \end{array}$$

14

$$\begin{array}{r} 4\ 2 \\ \times\ \ 7 \\ \hline \end{array}$$

⑮ 19×6

⑯ 36×4

⑰ 15×8

⑱ 54×7

⑲ 18×6

⑳ 75×6

㉑ 85×5

㉒ 79×2

㉓ 48×6

㉔ 97×3

㉕ 33×8

㉖ 27×9

㉗ 65×2

㉘ 44×8

㉙ 27×5

㉚ 68×3

㉛ 79×2

㉜ 85×4

㉝ 36×7

㉞ 95×2

㉟ 58×2

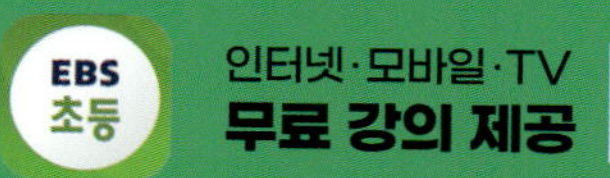

초|등|부|터 EBS
새 교육과정 반영

만점왕 연산

5단계
초등 3학년 권장

만점왕 연산
5단계
초등 3학년 권장
정답

세 자리 수의 덧셈(1)

1일차

10~11쪽

①
```
  2 1 6
+ 3 4 2
  5 5 8
```

②
```
  5 3 4
+ 4 1 2
  9 4 6
```

③
```
  1 8 3
+ 2 1 6
  3 9 9
```

④
```
  3 3 3
+ 4 2 5
  7 5 8
```

⑤
```
  1 6 4
+ 1 2 3
  2 8 7
```

⑥
```
  4 6 3
+ 3 3 3
  7 9 6
```

⑦
```
  6 2 0
+ 1 3 9
  7 5 9
```

⑧
```
  1 3 2
+ 4 3 6
  5 6 8
```

⑨
```
  5 0 2
+ 3 0 7
  8 0 9
```

⑩
```
  7 2 1
+ 2 5 6
  9 7 7
```

⑪
```
  1 5 7
+ 5 2 1
  6 7 8
```

⑫
```
  4 1 3
+ 4 2 1
  8 3 4
```

⑬
```
  1 0 7
+ 8 4 2
  9 4 9
```

⑭
```
  3 8 4
+ 6 1 4
  9 9 8
```

⑮ 534+123
```
  5 3 4
+ 1 2 3
  6 5 7
```

⑯ 231+636
```
  2 3 1
+ 6 3 6
  8 6 7
```

⑰ 172+724
```
  1 7 2
+ 7 2 4
  8 9 6
```

⑱ 134+853
```
  1 3 4
+ 8 5 3
  9 8 7
```

⑲ 117+281
```
  1 1 7
+ 2 8 1
  3 9 8
```

⑳ 314+432
```
  3 1 4
+ 4 3 2
  7 4 6
```

㉑ 435+362
```
  4 3 5
+ 3 6 2
  7 9 7
```

㉒ 619+230
```
  6 1 9
+ 2 3 0
  8 4 9
```

㉓ 565+113
```
  5 6 5
+ 1 1 3
  6 7 8
```

㉔ 164+524
```
  1 6 4
+ 5 2 4
  6 8 8
```

㉕ 292+605
```
  2 9 2
+ 6 0 5
  8 9 7
```

㉖ 510+376
```
  5 1 0
+ 3 7 6
  8 8 6
```

2일차

12~13쪽

①
```
  4 2 8
+ 1 5 3
  5 8 1
```

②
```
  2 2 5
+ 6 3 9
  8 6 4
```

③
```
  6 0 5
+ 2 4 7
  8 5 2
```

④
```
  3 2 6
+ 5 3 7
  8 6 3
```

⑤
```
  2 4 7
+ 1 3 8
  3 8 5
```

⑥
```
  3 2 7
+ 2 4 5
  5 7 2
```

⑦
```
  1 3 9
+ 5 5 4
  6 9 3
```

⑧
```
  3 5 5
+ 4 2 9
  7 8 4
```

⑨
```
  2 6 8
+ 7 0 5
  9 7 3
```

⑩
```
  5 5 9
+ 3 2 9
  8 8 8
```

⑪
```
  1 1 6
+ 3 5 6
  4 7 2
```

⑫
```
  3 4 4
+ 2 0 8
  5 5 2
```

⑬
```
  5 1 9
+ 1 3 7
  6 5 6
```

⑭
```
  1 3 6
+ 4 3 6
  5 7 2
```

⑮ 318+245
```
  3 1 8
+ 2 4 5
  5 6 3
```

⑯ 525+336
```
  5 2 5
+ 3 3 6
  8 6 1
```

⑰ 147+546
```
  1 4 7
+ 5 4 6
  6 9 3
```

⑱ 356+138
```
  3 5 6
+ 1 3 8
  4 9 4
```

⑲ 136+357
```
  1 3 6
+ 3 5 7
  4 9 3
```

⑳ 639+305
```
  6 3 9
+ 3 0 5
  9 4 4
```

㉑ 208+355
```
  2 0 8
+ 3 5 5
  5 6 3
```

㉒ 519+237
```
  5 1 9
+ 2 3 7
  7 5 6
```

㉓ 415+167
```
  4 1 5
+ 1 6 7
  5 8 2
```

㉔ 248+327
```
  2 4 8
+ 3 2 7
  5 7 5
```

㉕ 414+269
```
  4 1 4
+ 2 6 9
  6 8 3
```

㉖ 138+658
```
  1 3 8
+ 6 5 8
  7 9 6
```

⑤ 564 + 194 = 758 **⑩** 276 + 472 = 748

① 132 + 684 = 816 **⑥** 395 + 254 = 649 **⑪** 381 + 563 = 944

② 476 + 392 = 868 **⑦** 232 + 390 = 622 **⑫** 184 + 585 = 769

③ 655 + 251 = 906 **⑧** 143 + 472 = 615 **⑬** 394 + 351 = 745

④ 560 + 367 = 927 **⑨** 384 + 285 = 669 **⑭** 192 + 693 = 885

⑮ 156 + 281 = 437 **⑲** 319 + 490 = 809 **㉓** 475 + 282 = 757

⑯ 562 + 354 = 916 **⑳** 187 + 661 = 848 **㉔** 235 + 473 = 708

⑰ 294 + 180 = 474 **㉑** 255 + 362 = 617 **㉕** 463 + 271 = 734

⑱ 176 + 453 = 629 **㉒** 691 + 237 = 928 **㉖** 383 + 552 = 935

⑤ 283 + 374 = 657 **⑩** 400 + 209 = 609

① 435 + 143 = 578 **⑥** 539 + 227 = 766 **⑪** 332 + 195 = 527

② 364 + 292 = 656 **⑦** 410 + 195 = 605 **⑫** 869 + 105 = 974

③ 126 + 258 = 384 **⑧** 723 + 193 = 916 **⑬** 632 + 236 = 868

④ 643 + 346 = 989 **⑨** 516 + 376 = 892 **⑭** 414 + 127 = 541

⑮ 600 + 350 = 950 **㉑** 481 + 227 = 708 **㉗** 208 + 416 = 624

⑯ 132 + 254 = 386 **㉒** 382 + 460 = 842 **㉘** 506 + 289 = 795

⑰ 672 + 319 = 991 **㉓** 146 + 238 = 384 **㉙** 413 + 275 = 688

⑱ 486 + 407 = 893 **㉔** 151 + 329 = 480 **㉚** 729 + 142 = 871

⑲ 293 + 184 = 477 **㉕** 816 + 169 = 985 **㉛** 143 + 328 = 471

⑳ 740 + 106 = 846 **㉖** 492 + 145 = 637 **㉜** 345 + 543 = 888

⑤ 135 + 426 = 561 **⑩** 321 + 254 = 575

① 528 + 391 = 919 **⑥** 327 + 439 = 766 **⑪** 458 + 371 = 829

② 206 + 308 = 514 **⑦** 730 + 185 = 915 **⑫** 293 + 196 = 489

③ 541 + 163 = 704 **⑧** 429 + 353 = 782 **⑬** 605 + 127 = 732

④ 271 + 373 = 644 **⑨** 652 + 281 = 933 **⑭** 263 + 542 = 805

⑮ 435 + 362 = 797 **㉑** 741 + 134 = 875 **㉗** 856 + 127 = 983

⑯ 216 + 357 = 573 **㉒** 129 + 548 = 677 **㉘** 418 + 343 = 761

⑰ 173 + 119 = 292 **㉓** 563 + 274 = 837 **㉙** 336 + 259 = 595

⑱ 425 + 238 = 663 **㉔** 471 + 321 = 792 **㉚** 127 + 452 = 579

⑲ 309 + 152 = 461 **㉕** 488 + 331 = 819 **㉛** 278 + 519 = 797

⑳ 172 + 715 = 887 **㉖** 631 + 182 = 813 **㉜** 326 + 249 = 575

세 자리 수의 덧셈(2)

1일차
22~23쪽

1) 493 + 127 = 620

2) 248 + 576 = 824

3) 199 + 191 = 390

4) 739 + 184 = 923

5) 256 + 387 = 643

6) 145 + 689 = 834

7) 329 + 594 = 923

8) 475 + 358 = 833

9) 287 + 514 = 801

10) 377 + 449 = 826

11) 558 + 254 = 812

12) 795 + 137 = 932

13) 648 + 158 = 806

14) 453 + 449 = 902

15) 195+348 = 543

16) 487+393 = 880

17) 416+295 = 711

18) 549+385 = 934

19) 356+487 = 843

20) 263+279 = 542

21) 763+158 = 921

22) 645+296 = 941

23) 176+176 = 352

24) 628+193 = 821

25) 269+166 = 435

26) 153+578 = 731

2일차
24~25쪽

1) 379 + 685 = 1064

2) 939 + 484 = 1423

3) 364 + 787 = 1151

4) 934 + 598 = 1532

5) 857 + 673 = 1530

6) 568 + 843 = 1411

7) 759 + 486 = 1245

8) 576 + 856 = 1432

9) 498 + 955 = 1453

10) 494 + 738 = 1232

11) 653 + 579 = 1232

12) 452 + 869 = 1321

13) 629 + 591 = 1220

14) 787 + 849 = 1636

15) 598+726 = 1324

16) 816+398 = 1214

17) 986+634 = 1620

18) 878+339 = 1217

19) 438+672 = 1110

20) 673+749 = 1422

21) 256+895 = 1151

22) 235+967 = 1202

23) 779+248 = 1027

24) 456+567 = 1023

25) 786+539 = 1325

26) 407+598 = 1005

⑤
```
   2 4 8
 + 3 9 6
   6 4 4
```

⑩
```
   4 5 6
 + 3 8 8
   8 4 4
```

①
```
   3 4 4
 + 4 6 6
   8 1 0
```

⑥
```
   6 8 5
 + 9 2 7
 1 6 1 2
```

⑪
```
   8 2 9
 + 5 7 6
 1 4 0 5
```

②
```
   5 5 8
 + 6 7 5
 1 2 3 3
```

⑦
```
   3 7 9
 + 5 5 2
   9 3 1
```

⑫
```
   9 2 6
 + 3 9 5
 1 3 2 1
```

③
```
   7 3 6
 + 3 9 6
 1 1 3 2
```

⑧
```
   6 3 4
 + 5 9 6
 1 2 3 0
```

⑬
```
   8 4 5
 + 7 6 8
 1 6 1 3
```

④
```
   8 7 9
 + 2 3 3
 1 1 1 2
```

⑨
```
   5 6 4
 + 1 5 7
   7 2 1
```

⑭
```
   6 3 8
 + 3 9 4
 1 0 3 2
```

⑮ 197+489 =686
㉑ 524+796 =1320
㉗ 967+358 =1325

⑯ 328+496 =824
㉒ 295+819 =1114
㉘ 389+479 =868

⑰ 176+485 =661
㉓ 593+578 =1171
㉙ 618+989 =1607

⑱ 992+209 =1201
㉔ 268+268 =536
㉚ 492+859 =1351

⑲ 656+656 =1312
㉕ 278+829 =1107
㉛ 974+457 =1431

⑳ 873+927 =1800
㉖ 485+797 =1282
㉜ 852+798 =1650

⑤
```
   9 4 8
 + 8 4 9
 1 7 9 7
```

⑩
```
   2 6 4
 + 6 9 8
   9 6 2
```

①
```
   7 6 3
 + 8 5 5
 1 6 1 8
```

⑥
```
   3 7 6
 + 6 7 4
 1 0 5 0
```

⑪
```
   8 3 6
 + 9 5 6
 1 7 9 2
```

②
```
   4 6 8
 + 7 5 7
 1 2 2 5
```

⑦
```
   5 3 8
 + 7 4 6
 1 2 8 4
```

⑫
```
   1 8 4
 + 8 5 7
 1 0 4 1
```

③
```
   8 1 7
 + 5 2 5
 1 3 4 2
```

⑧
```
   9 4 5
 + 5 9 6
 1 5 4 1
```

⑬
```
   4 9 3
 + 8 7 9
 1 3 7 2
```

④
```
   2 6 9
 + 9 6 2
 1 2 3 1
```

⑨
```
   5 0 9
 + 9 0 3
 1 4 1 2
```

⑭
```
   6 5 8
 + 7 3 2
 1 3 9 0
```

⑮ 827+954 =1781
㉑ 765+879 =1644
㉗ 244+688 =932

⑯ 385+966 =1351
㉒ 545+584 =1129
㉘ 198+982 =1180

⑰ 843+167 =1010
㉓ 947+298 =1245
㉙ 398+186 =584

⑱ 947+678 =1625
㉔ 284+367 =651
㉚ 369+963 =1332

⑲ 624+859 =1483
㉕ 753+357 =1110
㉛ 507+399 =906

⑳ 846+578 =1424
㉖ 296+384 =680
㉜ 709+504 =1213

④
```
   5 6 7
 + 8 6 [7]
 1 [4] 3 4
```

①
```
   4 5 [2]
 + 2 [4] 6
   6 9 8
```

⑤
```
   2 2 1
 + 3 9 [5]
   [6] 1 6
```

②
```
   2 8 [3]
 + 1 [5] 4
   4 3 7
```

⑥
```
   3 5 6
 + [4] 8 6
   8 [4] 2
```

③
```
   7 [3] 7
 + 6 5 6
 [1] 3 9 [3]
```

⑦
```
   4 [2] 5
 + [5] 4 9
   9 7 4
```

⑧ 101+898 =999
⑰ 777+777 =1554

⑨ 202+787 =989
⑱ 888+888 =1776

⑩ 303+676 =979
⑲ 999+999 =1998

⑪ 111+999 =1110
⑳ 550+950 =1500

⑫ 222+888 =1110
㉑ 650+850 =1500

⑬ 333+777 =1110
㉒ 750+750 =1500

⑭ 444+444 =888
㉓ 650+350 =1000

⑮ 555+555 =1110
㉔ 750+250 =1000

⑯ 666+666 =1332
㉕ 850+150 =1000

세 자리 수의 뺄셈(1)

1일차
34~35쪽

1. 646 − 325 = 321
2. 865 − 423 = 442
3. 559 − 324 = 235
4. 765 − 313 = 452
5. 445 − 144 = 301
6. 789 − 572 = 217
7. 657 − 423 = 234
8. 877 − 251 = 626
9. 945 − 542 = 403
10. 886 − 482 = 404
11. 567 − 143 = 424
12. 968 − 724 = 244
13. 598 − 473 = 125
14. 393 − 261 = 132
15. 467 − 126 = 341
16. 954 − 831 = 123
17. 383 − 210 = 173
18. 753 − 132 = 621
19. 574 − 341 = 233
20. 867 − 423 = 444
21. 656 − 325 = 331
22. 795 − 534 = 261
23. 467 − 160 = 307
24. 795 − 572 = 223
25. 356 − 142 = 214
26. 535 − 224 = 311

2일차
36~37쪽

1. 763 − 218 = 545
2. 647 − 528 = 119
3. 425 − 119 = 306
4. 796 − 547 = 249
5. 926 − 418 = 508
6. 328 − 109 = 219
7. 563 − 235 = 328
8. 835 − 516 = 319
9. 971 − 335 = 636
10. 862 − 745 = 117
11. 434 − 226 = 208
12. 267 − 148 = 119
13. 595 − 328 = 267
14. 641 − 124 = 517
15. 234 − 119 = 115
16. 354 − 227 = 127
17. 472 − 258 = 214
18. 536 − 127 = 409
19. 752 − 326 = 426
20. 866 − 219 = 647
21. 953 − 328 = 625
22. 755 − 419 = 336
23. 583 − 245 = 338
24. 972 − 624 = 348
25. 440 − 236 = 204
26. 694 − 515 = 179

3일차

38~39쪽

1 284 − 192 = 92

2 217 − 134 = 83

3 348 − 264 = 84

4 457 − 175 = 282

5 529 − 263 = 266

6 549 − 361 = 188

7 629 − 454 = 175

8 635 − 293 = 342

9 684 − 591 = 93

10 758 − 575 = 183

11 777 − 384 = 393

12 804 − 393 = 411

13 836 − 641 = 195

14 968 − 485 = 483

15 217 − 153 = 64

16 326 − 162 = 164

17 436 − 282 = 154

18 517 − 235 = 282

19 546 − 375 = 171

20 645 − 173 = 472

21 686 − 494 = 192

22 735 − 371 = 364

23 749 − 583 = 166

24 858 − 270 = 588

25 843 − 661 = 182

26 925 − 584 = 341

4일차

40~41쪽

1 893 − 475 = 418

2 454 − 216 = 238

3 671 − 438 = 233

4 986 − 547 = 439

5 748 − 275 = 473

6 426 − 185 = 241

7 653 − 562 = 91

8 939 − 444 = 495

9 867 − 395 = 472

10 863 − 625 = 238

11 639 − 176 = 463

12 477 − 386 = 91

13 543 − 291 = 252

14 394 − 158 = 236

15 187 − 123 = 64

16 356 − 231 = 125

17 489 − 256 = 233

18 473 − 152 = 321

19 567 − 316 = 251

20 598 − 165 = 433

21 382 − 164 = 218

22 463 − 247 = 216

23 581 − 465 = 116

24 562 − 339 = 223

25 686 − 424 = 262

26 784 − 429 = 355

27 529 − 136 = 393

28 506 − 342 = 164

29 668 − 284 = 384

30 739 − 577 = 162

31 917 − 336 = 581

32 866 − 318 = 548

5일차

42~43쪽

1 356 − 182 = 174

2 513 − 292 = 221

3 427 − 165 = 262

4 638 − 452 = 186

5 754 − 326 = 428

6 844 − 328 = 516

7 973 − 615 = 358

8 962 − 436 = 526

9 827 − 574 = 253

10 662 − 334 = 328

11 676 − 181 = 495

12 574 − 336 = 238

13 765 − 384 = 381

14 436 − 228 = 208

15 650 − 380 = 270

16 720 − 190 = 530

17 805 − 273 = 532

18 508 − 333 = 175

19 460 − 137 = 323

20 770 − 542 = 228

21 637 − 121 = 516

22 728 − 555 = 173

23 493 − 226 = 267

24 571 − 156 = 415

25 938 − 415 = 523

26 769 − 386 = 383

27 535 − 353 = 182

28 474 − 235 = 239

29 618 − 157 = 461

30 890 − 243 = 647

31 958 − 696 = 262

32 795 − 559 = 236

세 자리 수의 뺄셈(2)

1일차
46~47쪽

1.
$$734 - 268 = 466$$

2.
$$671 - 386 = 285$$

3.
$$425 - 376 = 49$$

4.
$$341 - 152 = 189$$

5.
$$863 - 496 = 367$$

6.
$$926 - 347 = 579$$

7.
$$545 - 358 = 187$$

8.
$$383 - 195 = 188$$

9.
$$436 - 269 = 167$$

10.
$$612 - 457 = 155$$

11.
$$763 - 489 = 274$$

12.
$$853 - 694 = 159$$

13.
$$913 - 325 = 588$$

14.
$$842 - 546 = 296$$

15. $345 - 189$
$$345 - 189 = 156$$

16. $742 - 378$
$$742 - 378 = 364$$

17. $677 - 499$
$$677 - 499 = 178$$

18. $651 - 276$
$$651 - 276 = 375$$

19. $672 - 479$
$$672 - 479 = 193$$

20. $582 - 194$
$$582 - 194 = 388$$

21. $423 - 139$
$$423 - 139 = 284$$

22. $854 - 568$
$$854 - 568 = 286$$

23. $364 - 288$
$$364 - 288 = 76$$

24. $837 - 439$
$$837 - 439 = 398$$

25. $911 - 357$
$$911 - 357 = 554$$

26. $457 - 189$
$$457 - 189 = 268$$

2일차
48~49쪽

1.
$$506 - 149 = 357$$

2.
$$407 - 238 = 169$$

3.
$$300 - 182 = 118$$

4.
$$600 - 222 = 378$$

5.
$$900 - 532 = 368$$

6.
$$703 - 424 = 279$$

7.
$$502 - 176 = 326$$

8.
$$204 - 135 = 69$$

9.
$$403 - 256 = 147$$

10.
$$803 - 476 = 327$$

11.
$$601 - 408 = 193$$

12.
$$905 - 438 = 467$$

13.
$$700 - 285 = 415$$

14.
$$304 - 129 = 175$$

15. $300 - 284$
$$300 - 284 = 16$$

16. $302 - 176$
$$302 - 176 = 126$$

17. $400 - 148$
$$400 - 148 = 252$$

18. $407 - 208$
$$407 - 208 = 199$$

19. $500 - 333$
$$500 - 333 = 167$$

20. $504 - 196$
$$504 - 196 = 308$$

21. $600 - 264$
$$600 - 264 = 336$$

22. $605 - 376$
$$605 - 376 = 229$$

23. $800 - 484$
$$800 - 484 = 316$$

24. $803 - 205$
$$803 - 205 = 598$$

25. $900 - 777$
$$900 - 777 = 123$$

26. $901 - 425$
$$901 - 425 = 476$$

50~51쪽

⑤ 463 − 175 = 288	⑩ 318 − 279 = 39	
① 964 − 398 = 566	⑥ 731 − 176 = 555	⑪ 653 − 276 = 377
② 312 − 128 = 184	⑦ 523 − 245 = 278	⑫ 858 − 499 = 359
③ 785 − 597 = 188	⑧ 626 − 348 = 278	⑬ 346 − 267 = 79
④ 647 − 468 = 179	⑨ 814 − 535 = 279	⑭ 932 − 876 = 56

⑮ 852−476 =376
㉑ 263−184 =79
㉗ 725−396 =329

⑯ 333−176 =157
㉒ 453−279 =174
㉘ 628−539 =89

⑰ 543−378 =165
㉓ 925−446 =479
㉙ 215−138 =77

⑱ 362−179 =183
㉔ 410−264 =146
㉚ 576−189 =387

⑲ 627−479 =148
㉕ 743−569 =174
㉛ 831−275 =556

⑳ 962−278 =684
㉖ 210−157 =53
㉜ 324−188 =136

52~53쪽

⑤ 704 − 519 = 185	⑩ 307 − 218 = 89	
① 600 − 236 = 364	⑥ 802 − 469 = 333	⑪ 504 − 195 = 309
② 702 − 316 = 386	⑦ 206 − 138 = 68	⑫ 708 − 439 = 269
③ 507 − 168 = 339	⑧ 404 − 287 = 117	⑬ 907 − 409 = 498
④ 400 − 369 = 31	⑨ 603 − 535 = 68	⑭ 503 − 366 = 137

⑮ 826−298 =528
㉑ 508−279 =229
㉗ 311−145 =166

⑯ 274−186 =88
㉒ 435−176 =259
㉘ 652−376 =276

⑰ 921−365 =556
㉓ 752−584 =168
㉙ 944−599 =345

⑱ 613−584 =29
㉔ 653−186 =467
㉚ 486−197 =289

⑲ 731−395 =336
㉕ 806−577 =229
㉛ 504−378 =126

⑳ 854−667 =187
㉖ 314−197 =117
㉜ 724−257 =467

54~55쪽

⑦ 720−454=266

⑧ 710−444=266

⑨ 700−434=266

① 600−499=101

② 700−399=301

③ 800−299=501

④ 850−464=386

⑤ 850−364=486

⑥ 850−264=586

⑩ 622−157=465

⑪ 422−157=265

⑫ 222−157=65

⑬ 905−608=297

⑭ 705−408=297

⑮ 505−208=297

⑯ 427 278 =149

⑰ 820 394 =426

⑱ 943 359 =584

⑲ 615 486 =129

⑳ 863 584 =279

㉑ 249 516 =267

㉒ 396 951 =555

㉓ 176 624 =448

㉔ 683 801 =118

㉕ 124 500 =376

(두 자리 수) ÷ (한 자리 수)(1)

1일차

58~59쪽

⑤ $5 \times 9 = 45$ → $45 \div \boxed{5} = \boxed{9}$ → $45 \div \boxed{9} = \boxed{5}$

① $4 \times 3 = 12$ → $12 \div \boxed{4} = \boxed{3}$ → $12 \div \boxed{3} = \boxed{4}$

② $2 \times 5 = 10$ → $10 \div \boxed{2} = \boxed{5}$ → $10 \div \boxed{5} = \boxed{2}$

③ $7 \times 2 = 14$ → $14 \div \boxed{7} = \boxed{2}$ → $14 \div \boxed{2} = \boxed{7}$

④ $5 \times 8 = 40$ → $40 \div \boxed{8} = \boxed{5}$ → $40 \div \boxed{5} = \boxed{8}$

⑥ $9 \times 7 = 63$ → $63 \div \boxed{9} = \boxed{7}$ → $63 \div \boxed{7} = \boxed{9}$

⑦ $4 \times 8 = 32$ → $32 \div \boxed{4} = \boxed{8}$ → $32 \div \boxed{8} = \boxed{4}$

⑧ $6 \times 5 = 30$ → $30 \div \boxed{6} = \boxed{5}$ → $30 \div \boxed{5} = \boxed{6}$

⑨ $8 \times 6 = 48$ → $48 \div \boxed{8} = \boxed{6}$ → $48 \div \boxed{6} = \boxed{8}$

⑩ $4 \times 2 = 8$ → $8 \div 4 = 2$ → $8 \div 2 = 4$

⑪ $2 \times 9 = 18$ → $18 \div 2 = 9$ → $18 \div 9 = 2$

⑫ $4 \times 7 = 28$ → $28 \div 4 = 7$ → $28 \div 7 = 4$

⑬ $6 \times 3 = 18$ → $18 \div 6 = 3$ → $18 \div 3 = 6$

⑭ $3 \times 7 = 21$ → $21 \div 3 = 7$ → $21 \div 7 = 3$

⑮ $9 \times 3 = 27$ → $27 \div 9 = 3$ → $27 \div 3 = 9$

⑯ $6 \times 7 = 42$ → $42 \div 6 = 7$ → $42 \div 7 = 6$

⑰ $9 \times 6 = 54$ → $54 \div 9 = 6$ → $54 \div 6 = 9$

⑱ $7 \times 5 = 35$ → $35 \div 7 = 5$ → $35 \div 5 = 7$

⑲ $3 \times 8 = 24$ → $24 \div 3 = 8$ → $24 \div 8 = 3$

2일차

60~61쪽

⑤ $28 \div 7 = 4$ → $7 \times \boxed{4} = \boxed{28}$ → $4 \times \boxed{7} = \boxed{28}$

① $18 \div 2 = 9$ → $2 \times \boxed{9} = \boxed{18}$ → $9 \times \boxed{2} = \boxed{18}$

② $27 \div 3 = 9$ → $3 \times \boxed{9} = \boxed{27}$ → $9 \times \boxed{3} = \boxed{27}$

③ $20 \div 5 = 4$ → $5 \times \boxed{4} = \boxed{20}$ → $4 \times \boxed{5} = \boxed{20}$

④ $48 \div 6 = 8$ → $6 \times \boxed{8} = \boxed{48}$ → $8 \times \boxed{6} = \boxed{48}$

⑥ $32 \div 4 = 8$ → $4 \times \boxed{8} = \boxed{32}$ → $8 \times \boxed{4} = \boxed{32}$

⑦ $42 \div 7 = 6$ → $7 \times \boxed{6} = \boxed{42}$ → $6 \times \boxed{7} = \boxed{42}$

⑧ $40 \div 8 = 5$ → $8 \times \boxed{5} = \boxed{40}$ → $5 \times \boxed{8} = \boxed{40}$

⑨ $35 \div 5 = 7$ → $5 \times \boxed{7} = \boxed{35}$ → $7 \times \boxed{5} = \boxed{35}$

⑩ $30 \div 6 = 5$ → $6 \times 5 = 30$ → $5 \times 6 = 30$

⑪ $21 \div 7 = 3$ → $7 \times 3 = 21$ → $3 \times 7 = 21$

⑫ $72 \div 8 = 9$ → $8 \times 9 = 72$ → $9 \times 8 = 72$

⑬ $54 \div 9 = 6$ → $9 \times 6 = 54$ → $6 \times 9 = 54$

⑭ $24 \div 8 = 3$ → $8 \times 3 = 24$ → $3 \times 8 = 24$

⑮ $63 \div 7 = 9$ → $7 \times 9 = 63$ → $9 \times 7 = 63$

⑯ $36 \div 4 = 9$ → $4 \times 9 = 36$ → $9 \times 4 = 36$

⑰ $14 \div 7 = 2$ → $7 \times 2 = 14$ → $2 \times 7 = 14$

⑱ $48 \div 8 = 6$ → $8 \times 6 = 48$ → $6 \times 8 = 48$

⑲ $56 \div 8 = 7$ → $8 \times 7 = 56$ → $7 \times 8 = 56$

⑤ $8 \times \boxed{7} = 56$ → $56 \div 8 = \boxed{7}$
⑩ $6 \times \boxed{6} = 36$ → $36 \div 6 = \boxed{6}$
⑮ $8 \times \boxed{4} = 32$ → $32 \div 8 = \boxed{4}$
⑳ $3 \times \boxed{4} = 12$ → $12 \div 3 = \boxed{4}$
㉕ $9 \times \boxed{8} = 72$ → $72 \div 9 = \boxed{8}$

① $3 \times \boxed{5} = 15$ → $15 \div 3 = \boxed{5}$
⑥ $8 \times \boxed{8} = 64$ → $64 \div 8 = \boxed{8}$
⑪ $5 \times \boxed{8} = 40$ → $40 \div 5 = \boxed{8}$
⑯ $4 \times \boxed{6} = 24$ → $24 \div 4 = \boxed{6}$
㉑ $8 \times \boxed{2} = 16$ → $16 \div 8 = \boxed{2}$
㉖ $9 \times \boxed{9} = 81$ → $81 \div 9 = \boxed{9}$

② $6 \times \boxed{7} = 42$ → $42 \div 6 = \boxed{7}$
⑦ $9 \times \boxed{3} = 27$ → $27 \div 9 = \boxed{3}$
⑫ $5 \times \boxed{3} = 15$ → $15 \div 5 = \boxed{3}$
⑰ $9 \times \boxed{6} = 54$ → $54 \div 9 = \boxed{6}$
㉒ $5 \times \boxed{6} = 30$ → $30 \div 5 = \boxed{6}$
㉗ $2 \times \boxed{7} = 14$ → $14 \div 2 = \boxed{7}$

③ $4 \times \boxed{7} = 28$ → $28 \div 4 = \boxed{7}$
⑧ $4 \times \boxed{4} = 16$ → $16 \div 4 = \boxed{4}$
⑬ $7 \times \boxed{6} = 42$ → $42 \div 7 = \boxed{6}$
⑱ $5 \times \boxed{7} = 35$ → $35 \div 5 = \boxed{7}$
㉓ $4 \times \boxed{5} = 20$ → $20 \div 4 = \boxed{5}$
㉘ $7 \times \boxed{7} = 49$ → $49 \div 7 = \boxed{7}$

④ $7 \times \boxed{5} = 35$ → $35 \div 7 = \boxed{5}$
⑨ $3 \times \boxed{7} = 21$ → $21 \div 3 = \boxed{7}$
⑭ $9 \times \boxed{5} = 45$ → $45 \div 9 = \boxed{5}$
⑲ $6 \times \boxed{9} = 54$ → $54 \div 6 = \boxed{9}$
㉔ $7 \times \boxed{4} = 28$ → $28 \div 7 = \boxed{4}$
㉙ $6 \times \boxed{2} = 12$ → $12 \div 6 = \boxed{2}$

⑥ $25 \div 5 = \boxed{5} \leftrightarrow 5 \times \boxed{5} = 25$
⑫ $24 \div 8 = \boxed{3} \leftrightarrow 8 \times \boxed{3} = 24$
⑱ $64 \div 8 = \boxed{8} \leftrightarrow 8 \times \boxed{8} = 64$

① $15 \div 3 = \boxed{5} \leftrightarrow 3 \times \boxed{5} = 15$
⑦ $32 \div 8 = \boxed{4} \leftrightarrow 8 \times \boxed{4} = 32$
⑬ $18 \div 3 = \boxed{6} \leftrightarrow 3 \times \boxed{6} = 18$
⑲ $12 \div 6 = \boxed{2} \leftrightarrow 6 \times \boxed{2} = 12$

② $20 \div 4 = \boxed{5} \leftrightarrow 4 \times \boxed{5} = 20$
⑧ $63 \div 7 = \boxed{9} \leftrightarrow 7 \times \boxed{9} = 63$
⑭ $16 \div 4 = \boxed{4} \leftrightarrow 4 \times \boxed{4} = 16$
⑳ $42 \div 7 = \boxed{6} \leftrightarrow 7 \times \boxed{6} = 42$

③ $18 \div 9 = \boxed{2} \leftrightarrow 9 \times \boxed{2} = 18$
⑨ $35 \div 5 = \boxed{7} \leftrightarrow 5 \times \boxed{7} = 35$
⑮ $72 \div 8 = \boxed{9} \leftrightarrow 8 \times \boxed{9} = 72$
㉑ $30 \div 6 = \boxed{5} \leftrightarrow 6 \times \boxed{5} = 30$

④ $28 \div 4 = \boxed{7} \leftrightarrow 4 \times \boxed{7} = 28$
⑩ $54 \div 9 = \boxed{6} \leftrightarrow 9 \times \boxed{6} = 54$
⑯ $21 \div 7 = \boxed{3} \leftrightarrow 7 \times \boxed{3} = 21$
㉒ $49 \div 7 = \boxed{7} \leftrightarrow 7 \times \boxed{7} = 49$

⑤ $30 \div 5 = \boxed{6} \leftrightarrow 5 \times \boxed{6} = 30$
⑪ $48 \div 6 = \boxed{8} \leftrightarrow 6 \times \boxed{8} = 48$
⑰ $81 \div 9 = \boxed{9} \leftrightarrow 9 \times \boxed{9} = 81$
㉓ $24 \div 6 = \boxed{4} \leftrightarrow 6 \times \boxed{4} = 24$

⑥ $12 \div 4 = \boxed{3}$
⑫ $72 \div 9 = \boxed{8}$
⑱ $10 \div 2 = \boxed{5}$
㉔ $27 \div 9 = \boxed{3}$
㉚ $7 \div 7 = \boxed{1}$

① $20 \div 5 = \boxed{4}$
⑦ $63 \div 7 = \boxed{9}$
⑬ $36 \div 6 = \boxed{6}$
⑲ $72 \div 8 = \boxed{9}$
㉕ $30 \div 6 = \boxed{5}$
㉛ $28 \div 4 = \boxed{7}$

② $56 \div 8 = \boxed{7}$
⑧ $54 \div 6 = \boxed{9}$
⑭ $18 \div 3 = \boxed{6}$
⑳ $21 \div 3 = \boxed{7}$
㉖ $40 \div 5 = \boxed{8}$
㉜ $63 \div 9 = \boxed{7}$

③ $18 \div 9 = \boxed{2}$
⑨ $9 \div 9 = \boxed{1}$
⑮ $12 \div 2 = \boxed{6}$
㉑ $36 \div 9 = \boxed{4}$
㉗ $45 \div 9 = \boxed{5}$
㉝ $35 \div 7 = \boxed{5}$

④ $42 \div 7 = \boxed{6}$
⑩ $36 \div 4 = \boxed{9}$
⑯ $24 \div 4 = \boxed{6}$
㉒ $35 \div 5 = \boxed{7}$
㉘ $18 \div 6 = \boxed{3}$
㉞ $6 \div 3 = \boxed{2}$

⑤ $8 \div 4 = \boxed{2}$
⑪ $48 \div 6 = \boxed{8}$
⑰ $64 \div 8 = \boxed{8}$
㉓ $24 \div 3 = \boxed{8}$
㉙ $54 \div 9 = \boxed{6}$
㉟ $16 \div 4 = \boxed{4}$

(두 자리 수) ÷ (한 자리 수)(2)

1일차
70~71쪽

5 $45 \div 5 = \boxed{9}$
$5 \times \boxed{9} = 45$

10 $18 \div 2 = \boxed{9}$
$2 \times \boxed{9} = 18$

15 $63 \div 9 = \boxed{7}$
$9 \times \boxed{7} = 63$

20 $6 \div 2 = \boxed{3}$
$2 \times \boxed{3} = 6$

25 $28 \div 7 = \boxed{4}$
$7 \times \boxed{4} = 28$

1 $24 \div 3 = \boxed{8}$
$3 \times \boxed{8} = 24$

6 $27 \div 9 = \boxed{3}$
$9 \times \boxed{3} = 27$

11 $64 \div 8 = \boxed{8}$
$8 \times \boxed{8} = 64$

16 $27 \div 3 = \boxed{9}$
$3 \times \boxed{9} = 27$

21 $32 \div 8 = \boxed{4}$
$8 \times \boxed{4} = 32$

26 $36 \div 6 = \boxed{6}$
$6 \times \boxed{6} = 36$

2 $45 \div 9 = \boxed{5}$
$9 \times \boxed{5} = 45$

7 $10 \div 5 = \boxed{2}$
$5 \times \boxed{2} = 10$

12 $24 \div 6 = \boxed{4}$
$6 \times \boxed{4} = 24$

17 $15 \div 3 = \boxed{5}$
$3 \times \boxed{5} = 15$

22 $12 \div 4 = \boxed{3}$
$4 \times \boxed{3} = 12$

27 $56 \div 8 = \boxed{7}$
$8 \times \boxed{7} = 56$

3 $9 \div 3 = \boxed{3}$
$3 \times \boxed{3} = 9$

8 $14 \div 7 = \boxed{2}$
$7 \times \boxed{2} = 14$

13 $21 \div 3 = \boxed{7}$
$3 \times \boxed{7} = 21$

18 $48 \div 8 = \boxed{6}$
$8 \times \boxed{6} = 48$

23 $42 \div 7 = \boxed{6}$
$7 \times \boxed{6} = 42$

28 $24 \div 3 = \boxed{8}$
$3 \times \boxed{8} = 24$

4 $49 \div 7 = \boxed{7}$
$7 \times \boxed{7} = 49$

9 $36 \div 4 = \boxed{9}$
$4 \times \boxed{9} = 36$

14 $12 \div 6 = \boxed{2}$
$6 \times \boxed{2} = 12$

19 $72 \div 9 = \boxed{8}$
$9 \times \boxed{8} = 72$

24 $30 \div 5 = \boxed{6}$
$5 \times \boxed{6} = 30$

29 $32 \div 4 = \boxed{8}$
$4 \times \boxed{8} = 32$

2일차
72~73쪽

6 $15 \div 3 = 5$
13 $48 \div 6 = 8$
20 $36 \div 4 = 9$
27 $21 \div 3 = 7$
34 $12 \div 3 = 4$

7 $25 \div 5 = 5$
14 $35 \div 5 = 7$
21 $15 \div 5 = 3$
28 $35 \div 7 = 5$
35 $54 \div 6 = 9$

1 $12 \div 4 = 3$
8 $28 \div 7 = 4$
15 $42 \div 7 = 6$
22 $72 \div 8 = 9$
29 $36 \div 6 = 6$
36 $49 \div 7 = 7$

2 $30 \div 6 = 5$
9 $8 \div 4 = 2$
16 $24 \div 8 = 3$
23 $18 \div 6 = 3$
30 $45 \div 5 = 9$
37 $18 \div 3 = 6$

3 $21 \div 7 = 3$
10 $40 \div 8 = 5$
17 $54 \div 9 = 6$
24 $48 \div 8 = 6$
31 $56 \div 7 = 8$
38 $42 \div 6 = 7$

4 $56 \div 8 = 7$
11 $36 \div 9 = 4$
18 $27 \div 3 = 9$
25 $10 \div 2 = 5$
32 $16 \div 2 = 8$
39 $64 \div 8 = 8$

5 $40 \div 5 = 8$
12 $24 \div 6 = 4$
19 $32 \div 4 = 8$
26 $24 \div 4 = 6$
33 $28 \div 4 = 7$
40 $9 \div 3 = 3$

6 $24 \div 6 = 4$
13 $20 \div 5 = 4$
20 $10 \div 5 = 2$
27 $16 \div 4 = 4$
34 $56 \div 7 = 8$

7 $45 \div 5 = 9$
14 $63 \div 9 = 7$
21 $12 \div 2 = 6$
28 $48 \div 6 = 8$
35 $24 \div 4 = 6$

1 $28 \div 4 = 7$
8 $64 \div 8 = 8$
15 $12 \div 4 = 3$
22 $18 \div 3 = 6$
29 $9 \div 3 = 3$
36 $30 \div 5 = 6$

2 $63 \div 7 = 9$
9 $81 \div 9 = 9$
16 $15 \div 3 = 5$
23 $16 \div 2 = 8$
30 $72 \div 8 = 9$
37 $32 \div 8 = 4$

3 $40 \div 8 = 5$
10 $14 \div 2 = 7$
17 $18 \div 9 = 2$
24 $27 \div 3 = 9$
31 $25 \div 5 = 5$
38 $54 \div 6 = 9$

4 $45 \div 9 = 5$
11 $28 \div 7 = 4$
18 $42 \div 6 = 7$
25 $48 \div 8 = 6$
32 $15 \div 5 = 3$
39 $72 \div 8 = 9$

5 $35 \div 7 = 5$
12 $18 \div 2 = 9$
19 $36 \div 4 = 9$
26 $21 \div 7 = 3$
33 $54 \div 9 = 6$
40 $32 \div 4 = 8$

7 $24 \div 3 = 8$
15 $48 \div 6 = 8$
23 $16 \div 8 = 2$
31 $45 \div 9 = 5$
39 $12 \div 4 = 3$

8 $24 \div 6 = 4$
16 $48 \div 8 = 6$
24 $16 \div 2 = 8$
32 $45 \div 5 = 9$
40 $28 \div 4 = 7$

1 $30 \div 5 = 6$
9 $40 \div 5 = 8$
17 $12 \div 3 = 4$
25 $12 \div 6 = 2$
33 $24 \div 6 = 4$
41 $10 \div 5 = 2$

2 $30 \div 6 = 5$
10 $40 \div 8 = 5$
18 $12 \div 4 = 3$
26 $12 \div 2 = 6$
34 $24 \div 4 = 6$
42 $45 \div 5 = 9$

3 $18 \div 3 = 6$
11 $14 \div 2 = 7$
19 $18 \div 2 = 9$
27 $27 \div 9 = 3$
35 $35 \div 7 = 5$
43 $9 \div 3 = 3$

4 $18 \div 6 = 3$
12 $14 \div 7 = 2$
20 $18 \div 9 = 2$
28 $27 \div 3 = 9$
36 $35 \div 5 = 7$
44 $21 \div 3 = 7$

5 $20 \div 4 = 5$
13 $36 \div 4 = 9$
21 $35 \div 5 = 7$
29 $56 \div 8 = 7$
37 $32 \div 8 = 4$
45 $8 \div 8 = 1$

6 $20 \div 5 = 4$
14 $36 \div 6 = 6$
22 $35 \div 7 = 5$
30 $56 \div 7 = 8$
38 $32 \div 4 = 8$
46 $72 \div 8 = 9$

6 $64 \div \boxed{8} = 8$
13 $18 \div \boxed{6} = 3$
20 $\boxed{48} \div 8 = 6$
26 $12 \div \boxed{2} = 6$
32 $\boxed{15} \div 5 = 3$

7 $\boxed{18} \div 9 = 2$
14 $42 \div \boxed{7} = 6$
21 $15 \div \boxed{3} = 5$
27 $\boxed{28} \div 4 = 7$
33 $21 \div \boxed{7} = 3$

1 $25 \div \boxed{5} = 5$
8 $45 \div \boxed{9} = 5$
15 $12 \div \boxed{6} = 2$
22 $\boxed{24} \div 8 = 3$
28 $\boxed{54} \div 6 = 9$
34 $72 \div \boxed{8} = 9$

2 $12 \div \boxed{3} = 4$
9 $\boxed{63} \div 7 = 9$
16 $35 \div \boxed{7} = 5$
23 $8 \div \boxed{4} = 2$
29 $49 \div \boxed{7} = 7$
35 $\boxed{16} \div 4 = 4$

3 $\boxed{30} \div 5 = 6$
10 $24 \div \boxed{3} = 8$
17 $54 \div \boxed{6} = 9$
24 $40 \div \boxed{5} = 8$
30 $\boxed{36} \div 9 = 4$
36 $14 \div \boxed{2} = 7$

4 $15 \div \boxed{5} = 3$
11 $56 \div \boxed{8} = 7$
18 $28 \div \boxed{7} = 4$
25 $\boxed{36} \div 6 = 6$
31 $63 \div \boxed{7} = 9$
37 $40 \div \boxed{8} = 5$

5 $30 \div \boxed{5} = 6$
12 $14 \div \boxed{7} = 2$
19 $\boxed{15} \div 3 = 5$

(두 자리 수) × (한 자리 수)(1)

1일차

82~83쪽

6 $80 \times 2 = 160$ **12** $60 \times 6 = 360$

1 $40 \times 2 = 80$ **7** $60 \times 3 = 180$ **13** $90 \times 3 = 270$

2 $30 \times 3 = 90$ **8** $20 \times 7 = 140$ **14** $80 \times 6 = 480$

3 $20 \times 3 = 60$ **9** $30 \times 5 = 150$ **15** $70 \times 5 = 350$

4 $50 \times 2 = 100$ **10** $20 \times 8 = 160$ **16** $80 \times 3 = 240$

5 $20 \times 9 = 180$ **11** $30 \times 6 = 180$ **17** $40 \times 5 = 200$

18 $30 \times 8 = 240$ **24** $20 \times 6 = 120$ **30** $60 \times 7 = 420$

19 $40 \times 9 = 360$ **25** $70 \times 4 = 280$ **31** $30 \times 4 = 120$

20 $30 \times 6 = 180$ **26** $90 \times 4 = 360$ **32** $80 \times 4 = 320$

21 $70 \times 6 = 420$ **27** $50 \times 5 = 250$ **33** $80 \times 7 = 560$

22 $80 \times 5 = 400$ **28** $60 \times 4 = 240$ **34** $90 \times 5 = 450$

23 $90 \times 6 = 540$ **29** $50 \times 8 = 400$ **35** $90 \times 9 = 810$

2일차

84~85쪽

1
$$\begin{array}{r} 20 \\ \times\ 3 \\ \hline 60 \end{array}$$

2
$$\begin{array}{r} 30 \\ \times\ 4 \\ \hline 120 \end{array}$$

3
$$\begin{array}{r} 40 \\ \times\ 5 \\ \hline 200 \end{array}$$

4
$$\begin{array}{r} 70 \\ \times\ 6 \\ \hline 420 \end{array}$$

5
$$\begin{array}{r} 60 \\ \times\ 3 \\ \hline 180 \end{array}$$

6
$$\begin{array}{r} 90 \\ \times\ 2 \\ \hline 180 \end{array}$$

7
$$\begin{array}{r} 70 \\ \times\ 5 \\ \hline 350 \end{array}$$

8
$$\begin{array}{r} 80 \\ \times\ 4 \\ \hline 320 \end{array}$$

9
$$\begin{array}{r} 80 \\ \times\ 6 \\ \hline 480 \end{array}$$

10
$$\begin{array}{r} 20 \\ \times\ 9 \\ \hline 180 \end{array}$$

11
$$\begin{array}{r} 30 \\ \times\ 7 \\ \hline 210 \end{array}$$

12
$$\begin{array}{r} 40 \\ \times\ 9 \\ \hline 360 \end{array}$$

13
$$\begin{array}{r} 50 \\ \times\ 6 \\ \hline 300 \end{array}$$

14
$$\begin{array}{r} 60 \\ \times\ 8 \\ \hline 480 \end{array}$$

15 $90 \times 8 = 720$ **22** $60 \times 9 = 540$ **29** $30 \times 9 = 270$

16 $90 \times 5 = 450$ **23** $60 \times 4 = 240$ **30** $30 \times 8 = 240$

17 $80 \times 7 = 560$ **24** $50 \times 7 = 350$ **31** $30 \times 7 = 210$

18 $80 \times 9 = 720$ **25** $50 \times 6 = 300$ **32** $30 \times 6 = 180$

19 $80 \times 3 = 240$ **26** $40 \times 6 = 240$ **33** $20 \times 6 = 120$

20 $70 \times 2 = 140$ **27** $40 \times 7 = 280$ **34** $20 \times 9 = 180$

21 $70 \times 8 = 560$ **28** $40 \times 9 = 360$ **35** $20 \times 8 = 160$

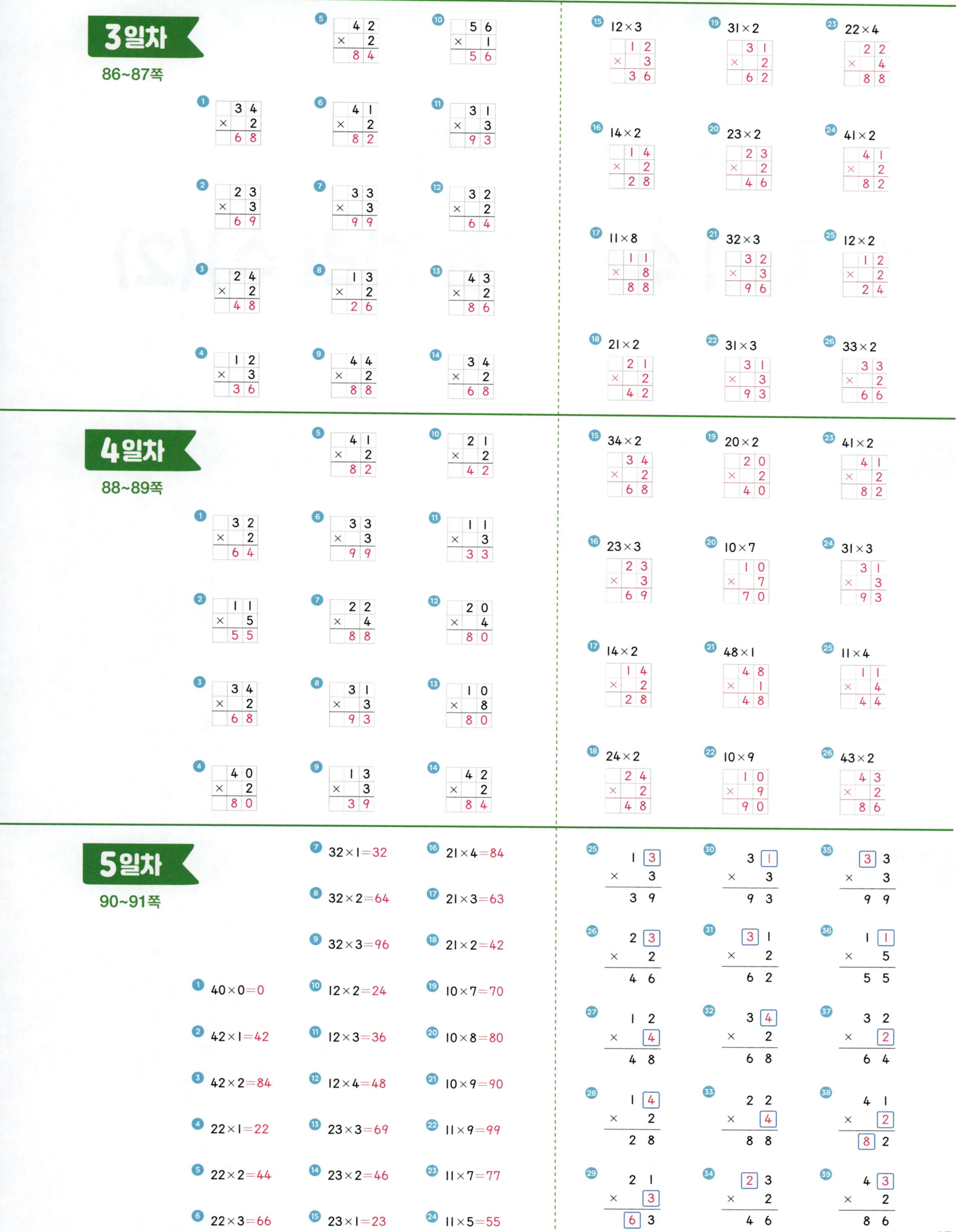

(두 자리 수) × (한 자리 수)(2)

1일차
94~95쪽

2일차
96~97쪽

⑤ 72 × 3 = 216

⑩ 64 × 2 = 128

① 83 × 3 = 249

⑥ 62 × 4 = 248

⑪ 41 × 5 = 205

② 54 × 2 = 108

⑦ 32 × 4 = 128

⑫ 43 × 3 = 129

③ 81 × 9 = 729

⑧ 41 × 8 = 328

⑬ 91 × 7 = 637

④ 63 × 2 = 126

⑨ 52 × 3 = 156

⑭ 92 × 2 = 184

⑮ 21×6 = 126

⑯ 31×9 = 279

⑰ 73×3 = 219

⑱ 94×2 = 188

⑲ 71×9 = 639

⑳ 53×3 = 159

㉑ 81×6 = 486

㉒ 51×3 = 153

㉓ 41×7 = 287

㉔ 61×5 = 305

㉕ 62×2 = 124

㉖ 82×3 = 246

⑤ 31 × 4 = 124

⑩ 71 × 5 = 355

① 42 × 4 = 168

⑥ 21 × 8 = 168

⑪ 93 × 2 = 186

② 71 × 6 = 426

⑦ 51 × 4 = 204

⑫ 82 × 2 = 164

③ 83 × 2 = 166

⑧ 54 × 2 = 108

⑬ 81 × 8 = 648

④ 41 × 5 = 205

⑨ 63 × 3 = 189

⑭ 91 × 4 = 364

⑮ 31×5 = 155

⑯ 64×2 = 128

⑰ 32×4 = 128

⑱ 84×2 = 168

⑲ 43×3 = 129

⑳ 51×8 = 408

㉑ 91×7 = 637

㉒ 53×2 = 106

㉓ 71×2 = 142

㉔ 41×3 = 123

㉕ 93×3 = 279

㉖ 61×8 = 488

⑤ 21 × 6 = 126

⑩ 31 × 4 = 124

① 42 × 3 = 126

⑥ 91 × 6 = 546

⑪ 62 × 3 = 186

② 71 × 3 = 213

⑦ 82 × 4 = 328

⑫ 91 × 3 = 273

③ 41 × 8 = 328

⑧ 52 × 2 = 104

⑬ 61 × 7 = 427

④ 72 × 3 = 216

⑨ 81 × 9 = 729

⑭ 92 × 4 = 368

⑮ 31×6=186

⑯ 52×4=208

⑰ 83×2=166

⑱ 53×3=159

⑲ 81×7=567

⑳ 82×2=164

㉑ 91×9=819

㉒ 41×9=369

㉓ 74×2=148

㉔ 61×4=244

㉕ 94×2=188

㉖ 61×3=183

㉗ 54×2=108

㉘ 41×6=246

㉙ 43×3=129

㉚ 92×3=276

㉛ 81×5=405

㉜ 93×3=279

㉝ 51×9=459

㉞ 61×2=122

㉟ 72×4=288

(두 자리 수) × (한 자리 수)(3)

1일차
106~107쪽

③
```
    1 4
  ×   4
  -------
  1 6
  4 0
  -------
  5 6
```

⑥
```
    3 6
  ×   2
  -------
  1 2
  6 0
  -------
  7 2
```

⑨
```
    1 3
  ×   7
  -------
  2 1
  7 0
  -------
  9 1
```

⑫
```
    2 8
  ×   2
  -------
  1 6
  4 0
  -------
  5 6
```

⑮
```
    3 5
  ×   2
  -------
  1 0
  6 0
  -------
  7 0
```

①
```
    2 3
  ×   4
  -------
  1 2
  8 0
  -------
  9 2
```

④
```
    2 7
  ×   2
  -------
  1 4
  4 0
  -------
  5 4
```

⑦
```
    4 5
  ×   2
  -------
  1 0
  8 0
  -------
  9 0
```

⑩
```
    1 6
  ×   5
  -------
  3 0
  5 0
  -------
  8 0
```

⑬
```
    2 4
  ×   3
  -------
  1 2
  6 0
  -------
  7 2
```

⑯
```
    1 6
  ×   6
  -------
  3 6
  6 0
  -------
  9 6
```

②
```
    1 8
  ×   5
  -------
  4 0
  5 0
  -------
  9 0
```

⑤
```
    1 5
  ×   3
  -------
  1 5
  3 0
  -------
  4 5
```

⑧
```
    3 9
  ×   2
  -------
  1 8
  6 0
  -------
  7 8
```

⑪
```
    2 9
  ×   3
  -------
  2 7
  6 0
  -------
  8 7
```

⑭
```
    1 4
  ×   6
  -------
  2 4
  6 0
  -------
  8 4
```

⑰
```
    4 6
  ×   2
  -------
  1 2
  8 0
  -------
  9 2
```

2일차
108~109쪽

④
```
    4 8
  ×   2
  -------
  1 6
  8 0
  -------
  9 6
```

⑧
```
    3 8
  ×   2
  -------
  1 6
  6 0
  -------
  7 6
```

⑫
```
    1 2
  ×   8
  -------
  1 6
  8 0
  -------
  9 6
```

⑯
```
    2 7
  ×   2
  -------
  1 4
  4 0
  -------
  5 4
```

⑳
```
    1 9
  ×   4
  -------
  3 6
  4 0
  -------
  7 6
```

①
```
    1 4
  ×   7
  -------
  2 8
  7 0
  -------
  9 8
```

⑤
```
    1 9
  ×   5
  -------
  4 5
  5 0
  -------
  9 5
```

⑨
```
    1 8
  ×   4
  -------
  3 2
  4 0
  -------
  7 2
```

⑬
```
    1 4
  ×   5
  -------
  2 0
  5 0
  -------
  7 0
```

⑰
```
    1 7
  ×   3
  -------
  2 1
  3 0
  -------
  5 1
```

㉑
```
    1 4
  ×   6
  -------
  2 4
  6 0
  -------
  8 4
```

②
```
    1 5
  ×   4
  -------
  2 0
  4 0
  -------
  6 0
```

⑥
```
    2 6
  ×   3
  -------
  1 8
  6 0
  -------
  7 8
```

⑩
```
    1 6
  ×   5
  -------
  3 0
  5 0
  -------
  8 0
```

⑭
```
    3 6
  ×   2
  -------
  1 2
  6 0
  -------
  7 2
```

⑱
```
    1 5
  ×   2
  -------
  1 0
  2 0
  -------
  3 0
```

㉒
```
    2 6
  ×   2
  -------
  1 2
  4 0
  -------
  5 2
```

③
```
    2 5
  ×   3
  -------
  1 5
  6 0
  -------
  7 5
```

⑦
```
    4 5
  ×   2
  -------
  1 0
  8 0
  -------
  9 0
```

⑪
```
    2 4
  ×   3
  -------
  1 2
  6 0
  -------
  7 2
```

⑮
```
    2 8
  ×   3
  -------
  2 4
  6 0
  -------
  8 4
```

⑲
```
    1 6
  ×   3
  -------
  1 8
  3 0
  -------
  4 8
```

㉓
```
    1 3
  ×   5
  -------
  1 5
  5 0
  -------
  6 5
```

3일차
110~111쪽

1) 15 × 6 = 90
2) 17 × 2 = 34
3) 15 × 3 = 45
4) 45 × 2 = 90

5) 39 × 2 = 78
6) 27 × 3 = 81
7) 38 × 2 = 76
8) 17 × 5 = 85
9) 16 × 6 = 96

10) 28 × 2 = 56
11) 16 × 4 = 64
12) 24 × 3 = 72
13) 29 × 2 = 58
14) 35 × 2 = 70

15) 18 × 2 = 36
16) 13 × 7 = 91
17) 19 × 4 = 76
18) 25 × 3 = 75

19) 23 × 4 = 92
20) 49 × 2 = 98
21) 28 × 3 = 84
22) 16 × 3 = 48

23) 29 × 3 = 87
24) 37 × 2 = 74
25) 13 × 6 = 78
26) 48 × 2 = 96

4일차
112~113쪽

1) 17 × 3 = 51
2) 18 × 5 = 90
3) 27 × 2 = 54
4) 39 × 2 = 78

5) 25 × 2 = 50
6) 38 × 2 = 76
7) 37 × 2 = 74
8) 16 × 5 = 80
9) 26 × 3 = 78

10) 16 × 6 = 96
11) 27 × 3 = 81
12) 45 × 2 = 90
13) 24 × 4 = 96
14) 12 × 6 = 72

15) 17 × 5 = 85
16) 23 × 4 = 92
17) 48 × 2 = 96
18) 25 × 3 = 75

19) 19 × 3 = 57
20) 14 × 6 = 84
21) 35 × 2 = 70
22) 18 × 4 = 72

23) 28 × 2 = 56
24) 46 × 2 = 92
25) 13 × 4 = 52
26) 36 × 2 = 72

5일차
114~115쪽

1) 25 × 3 = 75
2) 19 × 4 = 76
3) 13 × 7 = 91
4) 29 × 3 = 87

5) 14 × 4 = 56
6) 13 × 5 = 65
7) 29 × 2 = 58
8) 46 × 2 = 92
9) 17 × 5 = 85

10) 24 × 3 = 72
11) 47 × 2 = 94
12) 16 × 4 = 64
13) 39 × 2 = 78
14) 28 × 3 = 84

15) 12 × 8 = 96
16) 13 × 4 = 52
17) 14 × 7 = 98
18) 15 × 6 = 90
19) 16 × 5 = 80
20) 17 × 3 = 51
21) 18 × 4 = 72

22) 19 × 3 = 57
23) 23 × 4 = 92
24) 24 × 3 = 72
25) 25 × 2 = 50
26) 26 × 3 = 78
27) 27 × 2 = 54
28) 28 × 3 = 84

29) 29 × 2 = 58
30) 35 × 2 = 70
31) 36 × 2 = 72
32) 37 × 2 = 74
33) 38 × 2 = 76
34) 45 × 2 = 90
35) 48 × 2 = 96

(두 자리 수) × (한 자리 수)(4)

1일차
118~119쪽

③
```
   3 4
 ×   6
─────
   2 4
 1 8 0
─────
 2 0 4
```

⑥
```
   8 4
 ×   5
─────
   2 0
 4 0 0
─────
 4 2 0
```

⑨
```
   3 4
 ×   8
─────
   3 2
 2 4 0
─────
 2 7 2
```

⑫
```
   6 3
 ×   7
─────
   2 1
 4 2 0
─────
 4 4 1
```

⑮
```
   5 4
 ×   5
─────
   2 0
 2 5 0
─────
 2 7 0
```

①
```
   5 3
 ×   4
─────
   1 2
 2 0 0
─────
 2 1 2
```

④
```
   2 6
 ×   5
─────
   3 0
 1 0 0
─────
 1 3 0
```

⑦
```
   9 2
 ×   8
─────
   1 6
 7 2 0
─────
 7 3 6
```

⑩
```
   5 9
 ×   7
─────
   6 3
 3 5 0
─────
 4 1 3
```

⑬
```
   4 5
 ×   7
─────
   3 5
 2 8 0
─────
 3 1 5
```

⑯
```
   2 9
 ×   9
─────
   8 1
 1 8 0
─────
 2 6 1
```

②
```
   7 5
 ×   5
─────
   2 5
 3 5 0
─────
 3 7 5
```

⑤
```
   6 3
 ×   9
─────
   2 7
 5 4 0
─────
 5 6 7
```

⑧
```
   2 7
 ×   6
─────
   4 2
 1 2 0
─────
 1 6 2
```

⑪
```
   8 4
 ×   8
─────
   3 2
 6 4 0
─────
 6 7 2
```

⑭
```
   4 9
 ×   6
─────
   5 4
 2 4 0
─────
 2 9 4
```

⑰
```
   3 6
 ×   5
─────
   3 0
 1 5 0
─────
 1 8 0
```

2일차
120~121쪽

④
```
   1 8
 ×   9
─────
   7 2
   9 0
─────
 1 6 2
```

⑧
```
   8 3
 ×   6
─────
   1 8
 4 8 0
─────
 4 9 8
```

⑫
```
   4 9
 ×   7
─────
   6 3
 2 8 0
─────
 3 4 3
```

⑯
```
   5 7
 ×   4
─────
   2 8
 2 0 0
─────
 2 2 8
```

⑳
```
   7 8
 ×   5
─────
   4 0
 3 5 0
─────
 3 9 0
```

①
```
   9 5
 ×   4
─────
   2 0
 3 6 0
─────
 3 8 0
```

⑤
```
   7 8
 ×   7
─────
   5 6
 4 9 0
─────
 5 4 6
```

⑨
```
   9 2
 ×   5
─────
   1 0
 4 5 0
─────
 4 6 0
```

⑬
```
   1 9
 ×   9
─────
   8 1
   9 0
─────
 1 7 1
```

⑰
```
   2 5
 ×   6
─────
   3 0
 1 2 0
─────
 1 5 0
```

㉑
```
   8 4
 ×   9
─────
   3 6
 7 2 0
─────
 7 5 6
```

②
```
   3 4
 ×   7
─────
   2 8
 2 1 0
─────
 2 3 8
```

⑥
```
   5 3
 ×   8
─────
   2 4
 4 0 0
─────
 4 2 4
```

⑩
```
   4 3
 ×   8
─────
   2 4
 3 2 0
─────
 3 4 4
```

⑭
```
   9 3
 ×   7
─────
   2 1
 6 3 0
─────
 6 5 1
```

⑱
```
   6 2
 ×   6
─────
   1 2
 3 6 0
─────
 3 7 2
```

㉒
```
   2 6
 ×   8
─────
   4 8
 1 6 0
─────
 2 0 8
```

③
```
   5 6
 ×   5
─────
   3 0
 2 5 0
─────
 2 8 0
```

⑦
```
   6 7
 ×   4
─────
   2 8
 2 4 0
─────
 2 6 8
```

⑪
```
   2 4
 ×   9
─────
   3 6
 1 8 0
─────
 2 1 6
```

⑮
```
   5 9
 ×   5
─────
   4 5
 2 5 0
─────
 2 9 5
```

⑲
```
   3 5
 ×   3
─────
   1 5
   9 0
─────
 1 0 5
```

㉓
```
   4 6
 ×   4
─────
   2 4
 1 6 0
─────
 1 8 4
```

3일차
122~123쪽

① 94 × 5 = 470 **②** 67 × 5 = 335 **③** 78 × 8 = 624 **④** 63 × 4 = 252

⑤ 75 × 2 = 150 **⑥** 18 × 7 = 126 **⑦** 58 × 4 = 232 **⑧** 93 × 9 = 837 **⑨** 24 × 7 = 168

⑩ 39 × 5 = 195 **⑪** 46 × 9 = 414 **⑫** 85 × 6 = 510 **⑬** 45 × 7 = 315 **⑭** 34 × 6 = 204

⑮ 53 × 6 = 318 **⑯** 16 × 7 = 112 **⑰** 25 × 7 = 175 **⑱** 85 × 9 = 765

⑲ 73 × 8 = 584 **⑳** 48 × 5 = 240 **㉑** 64 × 8 = 512 **㉒** 76 × 3 = 228

㉓ 96 × 4 = 384 **㉔** 36 × 9 = 324 **㉕** 19 × 6 = 114 **㉖** 93 × 5 = 465

4일차
124~125쪽

① 74 × 8 = 592 **②** 15 × 9 = 135 **③** 85 × 8 = 680 **④** 65 × 2 = 130

⑤ 67 × 5 = 335 **⑥** 46 × 4 = 184 **⑦** 94 × 5 = 470 **⑧** 49 × 4 = 196 **⑨** 54 × 6 = 324

⑩ 33 × 9 = 297 **⑪** 56 × 7 = 392 **⑫** 28 × 6 = 168 **⑬** 79 × 8 = 632 **⑭** 95 × 6 = 570

⑮ 48 × 4 = 192 **⑯** 29 × 8 = 232 **⑰** 82 × 7 = 574 **⑱** 59 × 4 = 236

⑲ 46 × 6 = 276 **⑳** 38 × 9 = 342 **㉑** 95 × 3 = 285 **㉒** 37 × 5 = 185

㉓ 55 × 3 = 165 **㉔** 63 × 5 = 315 **㉕** 78 × 4 = 312 **㉖** 76 × 2 = 152

5일차
126~127쪽

① 33 × 7 = 231 **②** 93 × 8 = 744 **③** 85 × 3 = 255 **④** 72 × 6 = 432

⑤ 63 × 9 = 567 **⑥** 45 × 8 = 360 **⑦** 68 × 3 = 204 **⑧** 25 × 4 = 100 **⑨** 52 × 8 = 416

⑩ 79 × 7 = 553 **⑪** 89 × 9 = 801 **⑫** 57 × 5 = 285 **⑬** 96 × 3 = 288 **⑭** 42 × 7 = 294

⑮ 19×6=114 **⑯** 36×4=144 **⑰** 15×8=120 **⑱** 54×7=378 **⑲** 18×6=108 **⑳** 75×6=450 **㉑** 85×5=425

㉒ 79×2=158 **㉓** 48×6=288 **㉔** 97×3=291 **㉕** 33×8=264 **㉖** 27×9=243 **㉗** 65×2=130 **㉘** 44×8=352

㉙ 27×5=135 **㉚** 68×3=204 **㉛** 79×2=158 **㉜** 85×4=340 **㉝** 36×7=252 **㉞** 95×2=190 **㉟** 58×2=116

MEMO

MEMO

MEMO

EBS

만점왕
연산

5단계
초등 3학년 권장

EBS
초등부터 EBS

교과서 기본과 응용 문제, 한 번에 잡자!

초 1~6학년, 학기별 발행

EBS
만점왕
수학 플러스
교과서 기본과 응용 문제를 한 번에 잡는 교과서 기본+응용
1-1

EBS
만점왕
수학 플러스
교과서 기본과 응용 문제를 한 번에 잡는 교과서 기본+응용
2-2

만점왕 수학 플러스

1 만점왕 수학이 쉬운 중위권 학생을 위한 문제 중심 수학 학습서

2 교과서 개념과 응용 문제로 키우는 문제 해결력

3 인터넷·모바일·TV로 제공하는 무료 강의

EBS와 함께하는 자기주도 학습 초등·중학 교재 로드맵

예비 초등	1학년	2학년	3학년	4학년	5학년	6학년

전 과목 기본서/평가

만점왕 국어/수학/사회/과학 — 교과서 중심 초등 기본서
만점왕 통합본 3~6학년 학기별(8책) **HOT** — 바쁜 초등학생을 위한 국어·사회·과학 압축본

만점왕 단원평가 3~6학년 학기별(8책) — 한 권으로 학교 단원평가 대비

기초학력 진단평가 초2~중2 **HOT** — 초2부터 중2까지 기초학력 진단평가 대비

국어

어휘
어휘가 독해다! 초등 국어 어휘 1~6단계 — 어휘로 시작해서 독해로 완성하는 초등 필수 어휘 학습

독해
4주 완성 독해력 1~6단계 — 학년군별 교과 연계 단기 독해 학습

문학

문법
헷갈리지 않는 만능 맞춤법+받아쓰기 — 평생 만점 받는 능력, 맞춤법 실력 다지기

한자
참 쉬운 급수 한자 8급/7급 II/7급 — 한자능력검정시험 대비 급수별 학습
어휘가 독해다! 초등 한자 어휘 1~4단계 — 교과서에 자주 나오는 한자 어휘로 키우는 어휘 추론력

문해력
어휘/쓰기/ERI독해/배경지식/디지털독해가 문해력이다 — 평생을 살아가는 힘, 문해력을 키우는 학기별·단계별 종합 학습
문해력 등급 평가 초1~중1 — 내 문해력 수준을 확인하는 등급 평가

영어

EBS ELT 시리즈 | 권장 학년 : 유아 ~ 중1

- **EBS Big Cat** — Collins BIG CAT — 다양한 스토리를 통한 영어 리딩 실력 향상
- **EBS Big Cat** — Shinoy and the Chaos Crew — 흥미롭고 몰입감 있는 스토리를 통한 풍부한 영어 독서
- **EBS easy learning** — easy learning — 저연령 학습자를 위한 기초 영어 프로그램

만점왕 영어 따라 쓰는 영문법 1~3 — 따라 써 배우는 쉬운 영문법 학습

문법
EBS랑 홈스쿨 초등 영문법 1~2 — 다양한 부가 자료가 있는 단계별 영문법 학습
기초 영문법 1~2 **HOT** — 중학 영어 내신 만점을 위한 첫 영문법

독해
EBS랑 홈스쿨 초등 영독해 LEVEL 1~3 — 다양한 부가 자료가 있는 단계별 영독해 학습
Step by Step 초등 영문법/영구문, 독해의 힘! 영문법 LEVEL 1~4 / 영구문 LEVEL 1~3 — 기초 문장 학습으로 문법/구문과 독해를 한 번에 학습
기초 영독해 — 중학 영어 내신 만점을 위한 첫 영독해

어휘
EBS랑 홈스쿨 초등 필수 영단어 LEVEL 1~2 **HOT** — 다양한 부가 자료가 있는 단계별 영단어 테마 연상 종합 학습

듣기
초등 영어듣기평가 완벽대비 3~6학년 학기별(8책) — 듣기 + 받아쓰기 + 말하기 All in One 학습서

수학

연산
만점왕 연산 Pre 1~2단계, 1~12단계 — 과학적 연산 방법을 통한 계산력 훈련
실수하지 않는 만능 구구단 — 평생 만점 받는 능력, 구구단 실력 다지기

개념

응용
만점왕 수학 플러스 1~6학년 학기별(12책) — 교과서 중심 기본 + 응용 문제

심화

특화
초등 수해력 영역별 P단계, 1~6단계(14책) — 다음 학년 수학이 쉬워지는 영역별 초등 수학 특화 학습서

사회

사회/역사
초등학생을 위한 多담은 한국사 연표 — 연표로 흐름을 잡는 한국사 학습
매일 쉬운 스토리 한국사 1~2 / **스토리 한국사** 1~2 — 하루 한 주제를 이야기로 배우는 한국사/ 고학년 사회 학습 입문서

과학

과학

기타

창체
여름·겨울 방학생활 1~4학년 학기별(8책) — 재미와 공부를 동시에 잡는 완벽한 방학생활
창의체험 탐구생활 1~12권 — 창의력을 키우는 창의체험활동·탐구

AI
쉽게 배우는 초등 AI 1(1~2학년) — 초등 교과와 융합한 초등 1~2학년 인공지능 입문서
쉽게 배우는 초등 AI 2(3~4학년) — 초등 교과와 융합한 초등 3~4학년 인공지능 입문서
쉽게 배우는 초등 AI 3(5~6학년) — 초등 교과와 융합한 초등 5~6학년 인공지능 입문서